Ensinar e aprender Matemática

Luiz Carlos Pais

Ensinar e aprender Matemática

2ª edição
1ª reimpressão

autêntica

Copyright © 2006 Luiz Carlos Pais
Copyright © 2006 Autêntica editora

CAPA
Victor Bittow

EDITORAÇÃO ELETRÔNICA
Conrado Esteves

REVISÃO
Dila Bragança de Mendonça

EDITORA RESPONSÁVEL
Rejane Dias

Revisado conforme o Acordo Ortográfico da Língua Portuguesa de 1990, em vigor no Brasil desde janeiro de 2009.

Todos os direitos reservados pela Autêntica Editora. Nenhuma parte desta publicação poderá ser reproduzida, seja por meios mecânicos, eletrônicos, seja via cópia xerográfica, sem a autorização prévia da Editora.

AUTÊNTICA EDITORA LTDA.

Belo Horizonte
Rua Aimorés, 981, 8º andar . Funcionários
30140-071 . Belo Horizonte . MG
Tel.: (55 31) 3214 5700

Televendas: 0800 283 13 22
www.autenticaeditora.com.br

São Paulo
Av. Paulista, 2073, Conjunto Nacional, Horsa I,
23º andar, Conj. 2301
Cerqueira César . São Paulo . SP .
01311-940
Tel.: (55 11) 3034 4468

Pais, Luiz Carlos

P149e   Ensinar e aprender Matemática / Luiz Carlos Pais .
— 2. ed. — 1. reimp. — Belo Horizonte: Autêntica Editora, 2013.

152 p.

ISBN 978-85-7526-221-4

1. Matemática. 2. Educação. I.Título.

CDU 51
37

Ficha catalográfica elaborada por Rinaldo de Moura Faria – CRB6-1006

Sumário

7 Sobrevoo de iniciação

13 Por que ensinar Matemática

25 Métodos e estratégias de ensino

39 Argumentação e Matemática

47 Análise do livro didático

59 Aprendizagem da Matemática

69 Representação, linguagem e obstáculos

81 Virtualidade, árvores e rizomas

93 Experiência, intuição e teoria

103 Algoritmos, modelos e regularidade

111 Configurações geométricas

119 Conceitos, propriedades e definições

125 Vínculos subjetivos da objetividade

131 Resolução de problemas

137 Generalidade, abstração e esclerose

149 Referências

Sobrevoo de iniciação

> Ensinar e aprender Matemática são atos entrelaçados por uma multiplicidade não ordenada de filamentos, os quais não cabem na singularidade de qualquer modelo e de qualquer outra abstração. Todo recorte feito pela pesquisa funciona como uma parada de imagem para compreender uma parte da questão. Por isso, devemos lançar todas as articulações possíveis para realizar os valores potenciais da educação matemática.
>
> (Prospecto da Multiplicidade)

Este livro convida o leitor a participar de uma reflexão em torno de ideias, conceitos e questões referentes aos aspectos metodológicos do ensino da Matemática. Sua intenção consiste em compreender relações entre o saber matemático e alguns desafios inerentes às ações integradas do ensino e da aprendizagem escolar. Para isso, será preciso considerar os limites de certas concepções e estratégias didáticas que, valorizando somente a objetividade das ciências, não visualizam a parte subjetiva do fenômeno cognitivo. Talvez isso aconteça porque as estruturas matemáticas, ancoradas em uma forte tradição positivista, exercem indevidamente uma influência considerável na forma usual de conduzir a prática de ensino, como se fosse possível identificar o objeto das ciências com o da educação. Esse equívoco repousa em uma espécie de crença inabalável na necessidade de priorizar as características próprias do saber matemático, tais como formalização, objetividade, generalidade e abstração, como se esses aspectos fossem os parâmetros dominantes para conduzir aos primeiros passos da aprendizagem. O estudo desse tema normalmente não aparece nos cursos de formação de professores e ainda permanece ausente nos principais debates levantados na área da educação matemática. Entretanto, acreditamos que sua colocação seja necessária para romper as dificuldades persistentes na expansão qualitativa do ensino de Matemática. Assim sendo, compete-nos indagar: como valorizar o ensino das estruturas e dos conceitos na educação matemática sem menosprezar a subjetividade contida no fenômeno cognitivo?

Infelizmente, não há como oferecer garantias de serenidade nesse sobrevoo, pois certamente surgirão zonas de instabilidade no transcorrer da leitura. Porém, acreditamos ser mais honesto confessar os desafios logo de início, quando ainda estamos na pista de decolagem, em vez de anunciar um livro preenchido com certezas absolutas. O exercício da dúvida já sinaliza uma disponibilidade de espírito para cultivar o eterno retorno na busca de novos conhecimentos, porque as turbulências pertencem à essência comum ao ensino e à aprendizagem, fazendo com que toda experiência cognitiva tenha uma dose de incerteza. Além do mais, seria ilusório passar uma visão exterior, como se as produções científicas nascessem prontas, sem nunca ter convivido com a ansiedade da dúvida. Pensamos que a educação matemática também apresenta esse mesmo grau de complexidade, pois exige uma constante superação de conflitos, rupturas, retornos, e esses obstáculos integram as ações de aprender e de ensinar. Tais dificuldades são mais perceptíveis quando conhecimentos do cotidiano são colados rapidamente aos conceitos matemáticos tal qual acontece nos momentos iniciais da educação. Dessa forma, percebemos a complexidade dos desafios vivenciados pelo professor que atua nas séries iniciais do ensino fundamental. Essa passagem não é um movimento trivial, porque palavras e argumentos do mundo não escolar nem sempre podem ser validados no contexto escolar. Alguns desses obstáculos são identificados como erros cometidos pelo aluno. Mas a superação não é imediata porque suas raízes pertencem aos estratos profundos da consciência que une professor e aluno, e não é nada conveniente separar esses dois polos para resolver a questão didática.

No cotidiano da prática, essas dificuldades não são geralmente consideradas, e um dos motivos é o hábito de seguir a linearidade do texto didático cuja leitura inicial deixa transparecer uma perfeita ordem, clareza e formalidade, logo na elaboração dos primeiros conceitos. Mas a história evolutiva dos conceitos mostra que essas condições não existem na gênese da produção científica. Portanto, essas características do saber científico podem determinar uma maneira de iniciar a aprendizagem? As estratégias usadas pelos cientistas caracterizam-se por um outro ritmo que não é linear nem é regido pelo cronômetro escolar. Por esse motivo, percebemos o risco das analogias rápidas entre o saber escolar e o saber científico. Até chegar ao momento da formalização, o saber passa por muitas transformações: os modelos são criados, recortados, ampliados e redigidos. Com a intenção de estabelecer os limites dessas comparações, adotamos alguns pressupostos para estudar a função didática de modelos e de estruturas matemáticas, sem querer atribuir-lhes um estatuto de precedência em relação às outras componentes da cognição. Mesmo que um dos objetivos do ensino da Matemática seja trabalhar com modelos, fórmulas e algoritmos, essas estruturas não devem ser colocadas no plano inicial da aprendizagem, porque tais criações se constituem pela convergência de vários aspectos, que são objeto do trabalho didático. Os pressupostos escolhidos serão explicitados no transcorrer dos capítulos, e procuramos ser vigilantes contra a ideia de fazer generalizações apressadas.

O primeiro desses pressupostos refere-se a uma espécie de contágio epistemológico do saber científico na prática pedagógica, originário da influência que o território acadêmico exerce na composição da transposição didática, por conseguinte na formação das concepções de professores. A valorização e a priorização dos aspectos científicos do saber matemático têm origem no trabalho acadêmico e constitui uma das influências tradicionais na formação de professores, na publicação dos textos destinados ao ensino ou, ainda, na definição dos parâmetros curriculares. Entretanto, a especificidade do trabalho docente leva-nos a refletir sobre os limites desse contágio. Se, por um lado, existe a intenção de valorizar aspectos do saber matemático, por outro, não haveria também uma visão redutora da educação no sentido de identificar as estratégias de ensino com a simples adoção e apresentação dos modelos científicos? Talvez a proximidade do educador com as condições características do saber científico e o uso repetitivo de sua metodologia dificultem a visualização de outras dimensões da aprendizagem.

Trata-se não de negar as relações umbilicais da escola com a ciência, mas, antes de tudo, de zelar pela intenção de fazer crescer a componente científica do trabalho docente. O hábito induzido pela convivência diária com os modelos faz com que o conteúdo seja adotado na tendência mais hegemônica da prática pedagógica, como o centro das atividades, como se a natureza do trabalho discente fosse determinada pela natureza do trabalho do matemático. Esse convívio resultou na prática de exigir do aluno muito mais respostas prontas do que a atitude de formular questões, explicitar seus argumentos ou justificar seu raciocínio. Porém, essa exigência tradicional do ensino da Matemática revela uma atitude contrária à natureza da própria atividade científica. A formulação de problemas caracteriza um momento importante na edificação de um novo modelo; por isso, trabalhar com resolução de problemas na educação escolar não se trata de exigir do aluno o mesmo padrão de resposta indicada pela ótica da reprodução.

Como o professor deve agir diante dessa situação? Enunciar uma resposta rápida, por certo, seria um equívoco assim como priorizar o uso dos modelos na prática pedagógica. Mas, podemos anunciar uma direção a seguir. Acreditamos que duas posições igualmente extremas e equivocadas devem ser evitadas no tratamento desse contágio: (a) desprezar a objetividade inerente ao saber matemático; (b) desconsiderar que a única via de acesso ao saber é a subjetividade do aluno.

A tentativa de separar objetividade e subjetividade de forma radical caracteriza um dos tipos de contrato pedagógico mais tradicionais do ensino da Matemática, em que compete ao professor a tarefa de colocar questões e ao aluno a tarefa de respondê-las. Além disso, esse contrato estipula os modelos a ser priorizados: algoritmos, fórmulas, definições e propriedades, todos revestidos de um destaque para a dimensão da generalidade e da abstração.

Como as estruturas matemáticas existem no plano da objetividade, que é externo ao domínio inicial do aluno, acreditamos não ser conveniente usar a dimensão abstrata para determinar um paradigma pedagógico. Tudo indica que isso tenha sido o principal equívoco da linha tecnicista na educação, ou seja, atribuir às estruturas e aos modelos o poder de impor o ponto principal de condução das atividades de ensino. Esse questionamento pretende levar a um novo tempo, em que o hábito de exigir respostas padronizadas tende a ser superado, em busca de outras competências mais significativas, em sintonia com a elaboração do conhecimento e o ritmo digital da sociedade da informação. Esse é o contexto em que percebemos que o uso dos algoritmos leva-nos a buscar estratégias de compreensão do seu funcionamento, sem pretender priorizar o ensino das demonstrações matemáticas no ensino fundamental.

Essa necessidade amplia-se quando ações repetitivas passam a ser feitas pelas máquinas. Essa é uma linha de conexão para lançar nosso objeto, porque percebemos que a esclerose também afeta métodos, modelos, teorias e até os mestres, quando eles não têm a chance de viver uma segunda juventude. Todo educador deveria ser agraciado com um prêmio desse quilate: viver uma segunda juventude ou ter disponibilidade para romper com velhos obstáculos. São arestas contundentes, mas colocadas honestamente, antes de tudo, para nós mesmos, entre professores dispostos a reinventar forças para participar da expansão qualitativa do ensino da Matemática. Para realizar essa meta, temos apenas uma direção inicial: compreender a potencialidade educativa e os limites dos modelos no ensino da Matemática e um jeito fenomenológico de caminhar nessa direção. Por isso, admitir a soberania da lógica da exclusão, do tipo objetividade ou subjetividade parece não ser a alternativa adequada. Será preciso lançar muitas articulações e estender uma longa fila de conectivos, em que ensinar, aprender, teorizar, intuir, experimentar, ler, redigir, ouvir e falar são parte dessa multiplicidade.

Por que ensinar Matemática

> Os valores educativos da matemática existem em estado de latência, no plano virtual dos livros, teses, softwares, programas, parâmetros e em outros filamentos da transposição didática. O desafio pedagógico consiste em converter esta virtualidade para os eventos da atualidade, vivenciados pelo aluno e pelo professor, tal como ocorre na solução de um problema, na compreensão de um teorema ou na aplicação de uma fórmula.
>
> (Prospecto dos Valores)

Os argumentos usados para defender a existência da Matemática escolar são vários. Da educação infantil ao ensino médio, essa disciplina tem sido considerada capaz de contribuir na formação intelectual do aluno. Entretanto, esse argumento, por si mesmo, não traz nenhuma garantia de realização dos objetivos previstos. Há uma grande distância entre o que pode ser realizado em termos de objetivos e a efetiva realização do possível. A superação dessa distância certamente depende de muitas variáveis: formação de professores, redefinição de métodos, expansão dos atuais campos de pesquisa, criação e diversificação de estratégias, incorporação do uso qualitativo das tecnologias digitais e, ainda de uma boa dose de disponibilidade para revirar concepções enrijecidas pelo tempo.

Esse é um grande desafio porque métodos, valores, estratégias e recursos, isoladamente, nada podem produzir a não ser como resultado da convergência de competências individuais e coletivas. Por esse motivo, métodos, conteúdos e objetivos são componentes indissociáveis. É preciso envolver outros filamentos do sistema didático sem perder de vista os vínculos entre eles. O interesse em estudar os valores da educação matemática nasce da constatação de sua presença ao longo de toda a escolaridade básica e da preocupação de muitos professores em justificar a importância dos conteúdos que ensinam. Além da presença constante na educação, a Matemática é um conhecimento extensivamente usado como instrumento de seleção na realização de concursos. Quais são os motivos pelos quais normalmente se faz uso do saber matemático como instrumento de seleção? Daí, a importância de pensar nas razões pelas quais o seu ensino está fortemente presente na educação escolar. Essa presença tem sido justificada inicialmente pela possibilidade de contribuir no desenvolvimento do raciocínio lógico e na capacidade de abstração do aluno. Entretanto, essa primeira resposta deve ser aprofundada, explicitando o sentido atribuído aos diversos tipos de conteúdos e as referências a partir das quais seus valores são concebidos.

Relações entre valores e virtualidade

Os valores que justificam a existência da Matemática escolar implicam a escolha de estratégias compatíveis com os objetivos mais amplos da educação, cujo sentido ultrapassa o contexto de uma disciplina e envolvem aspectos mais amplos do método. Por esse motivo, na formação de professores, os desafios da educação matemática não devem ser desvinculados das questões educacionais mais amplas. Como todo método está entrelaçado a um conjunto de valores, não é conveniente pensar em separar esses aspectos que formam o novelo no qual está inserido o trabalho docente. Escolher um método é filiar-se a princípios defendidos em uma corrente de pensamento e compreender quais são as suas projeções na educação. É a partir da coerência entre esses elementos que o professor responde aos desafios da educação e, mais pontualmente, aqueles da sala de aula. É por meio das categorias de um método que o educador passa a compreender e a expressar uma maneira de conduzir seu trabalho pedagógico. Entretanto, como este tema geralmente não é abordado nos cursos de formação básica de professores, mas aparece mais na iniciação à prática da pesquisa, pensamos ser importante provocá-lo em diversos momentos, razão pela qual reservamos o próximo capítulo para abordar o tema da metodologia e de suas implicações no ensino da Matemática. A partir das relações entre a virtualidade dos valores da disciplina escolar e a atualidade vivenciada pelo educando, passamos a compreender a potencialidade educativa dos conteúdos filtrados pela transposição didática. Por isso, é conveniente falar apenas em termos do que pode ser desenvolvido no contexto escolar, a partir da especificidade do saber disciplinar, e não pretender insinuar qualquer ideia de garantia ou de certeza absoluta.

As possibilidades educativas da Matemática existem no plano virtual, estão latentes em livros, teses, softwares, relatórios, exames, parâmetros e outros estratos menos perceptíveis, como na consciência pedagógica dos professores. Permanecem camufladas em estado de dormência, até que, por uma convergência de condições e de ações passam a existir no momento vivenciado pelo sujeito. A compreensão de uma definição exemplifica a passagem do plano virtual para os eventos da atualidade. Antes de acontecer, seus valores existem apenas no plano virtual. O desafio consiste em convertê-la para o mundo dos eventos atuais vivenciado pelo educando. Ocorre a atualização de um valor educativo da Matemática quando o aluno obtém a solução de um problema ou a demonstração de uma propriedade, Antes que isso ocorra, a existência do valor permanece em estado de latência, aguardando a ruptura de obstáculos.

Os resultados da educação escolar dependem, entre outras coisas, do grau de interatividade estabelecido entre professor, alunos e os demais elementos do sistema didático. Daí a importância de articular, de forma integrada, estratégias, recursos, conteúdos, objetivos e os demais componentes que interferem na condução da prática pedagógica, de onde decorre a necessidade de cultivar um método e zelar pela adequação dos procedimentos adotados. A valorização da educação matemática enriquece quando passamos a interpretá-la mais em termos do que existe em estado de latência do que das hipotéticas soluções propostas pela adoção de um modelo ou de uma sequência linear de ações. A cognição não flui com a mesma linearidade com que o texto científico é publicado; pelo contrário, a aprendizagem passa pelo desafio de construir articulações diversificadas que possam aproximar, ao invés de separar, as dicotomias usuais da Matemática, não dando prioridade às estratégias de dedução muito menos aos procedimentos de indução. Particularizar e generalizar enunciados são ações que devem ser sempre relacionadas em diversas vias.

A elaboração de conhecimentos nessa linha se faz por uma dinâmica de permanentes conflitos e evoluções, através das quais vão sendo consolidadas as bases do método. É com essa visão que abordamos a aprendizagem e a elaboração de referências teóricas e metodológicas para a prática pedagógica. Destacamos a necessidade de sempre reforçar as articulações entre conteúdos, métodos e objetivos. Conceber esses aspectos entrelaçados uns aos outros fortalece a prática pedagógica, pois envolve uma constante reflexão-ação sobre a coerência esperada entre essas dimensões. Não se pode ter resultados satisfatórios se objetivos, métodos e conteúdos não estiverem em relativa harmonia. A concepção integrada desses elementos contribui para a ampliação dos resultados do trabalho docente, além de tornar mais clara a importância dos objetivos. Essa maneira de entender os valores educativos a partir da virtualidade valoriza a função docente na coordenação das atividades de ensino.

Ao adotar essas ideias, a educação matemática passa a ser interpretada a partir das articulações entre valores, métodos e conteúdos que constituem as três dimensões mais perceptíveis do sistema didático. A adoção de uma estratégia revela uma ponta desse entrelaçamento. Na análise desta questão, uma das articulações refere-se ao vínculo a ser estabelecido entre as finalidades do ensino da Matemática e os objetivos do projeto educacional. A partir de uma concepção mais ampla de educação, que envolva a defesa da cidadania, elabora-se uma proposta de educação matemática. A propósito dessa coerência, cumpre destacar que se trata de um processo evolutivo, cuja vitalidade depende do engajamento do professor na sua própria formação.

É preciso lembrar ainda que nenhum saber isolado tem significado por si mesmo. O saber depende de várias condições e resulta da convergência integrada das forças de um agenciamento. De forma análoga, todo conhecimento mais localizado também resulta da superação de obstáculos que extrapolam o pano da individualidade. Daí a importância de pensar e praticar a educação em termos das relações entre o virtual e o atual. Em particular, o significado do saber científico forma-se no contexto de uma comunidade, regida por paradigmas em seus diversos níveis de hierarquia, como resultado de uma trama costurada entre muitas linhas de articulação e pelo combate permanente das linhas de fuga. Porém não se deve isolar significado social, político, econômico ou histórico do saber científico, porque o pensamento humano não é uma instância dividida em compartimentos. Consequentemente, o significado do saber escolar exige esse mesmo entendimento, e isso é uma das condições para a expansão dos resultados da educação.

Tendo em vista as especificidades da educação básica, é preciso que os conteúdos não estejam isolados entre si nem em relação às demais disciplinas. Desse modo, é necessário sempre construir linhas de articulação entre os saberes ensinados. A articulação exige ainda uma explicitação de vínculos do saber ensinado com situações do cotidiano. Além do mais, para desenvolver o significado do saber, o professor deve levar em conta a contextualização desse saber. Por vezes, pode-se ter a sensação de que essa não seria mais uma época adequada para falar de valores de uma ciência ou de uma disciplina escolar; pelo contrário, acreditamos que seja uma reflexão necessária, resguardadas as limitações de uma visão que defenda valores universais e soberanos, sem considerar a singularidade das diferentes realidades nas quais a escola está inserida. Os valores formam uma base sobre a qual assentam-se os objetivos. Para analisar esse tema na educação matemática, é preciso destacar as relações entre seus conteúdos e os aspectos científicos, utilitários, estéticos e formativos.

Valores científicos da Matemática

Como acontece nas demais ciências, os valores da matemática, enquanto ciência historicamente construída pelas diversas civilizações, são criados e recriados pelos conflitos de uma longa evolução de pesquisa. A produção dessa pesquisa é uma das mais fortes fontes de influência da transposição didática. Seus resultados fornecem as bases para o desenvolvimento de outras pesquisas e para a produção tecnológica, através de uma ampla rede de competências, inclui que uma diversidade de áreas e especialidades. Os valores científicos justificam-se em face do apoio fornecido ao desenvolvimento de várias tecnologias. Esse entrelaçamento com a produção tecnológica fornece à Matemática uma importância fundamental, ao lado das demais áreas técnicas ou científicas. Quando se trata da área de Matemática pura, aos resultados podem até não ter uma aplicação tecnológica imediata, mesmo assim têm sua importância garantida pela necessidade da valorização de uma cultura científica, que é preservada sob o controle dos paradigmas criados nos quadros da produção original do saber. Os paradigmas são regras acatadas pelos membros de uma comunidade científica, que se caracteriza por pesquisadores que partilham um certo número de princípios. Essa é a ideia básica contida na definição de paradigma proposta por Kuhn (1975). Tais regras estão relacionadas às condições de produção do conhecimento, sobretudo no que diz respeito ao controle de sua validade. Em última instância, o ato de julgar se uma produção é científica ou não passa pelo crivo desses paradigmas. Como nas demais áreas, a Matemática tem uma identidade histórica, expressa por uma produção preservada pelo envolvimento da respectiva comunidade. Mesmo que essa comunidade represente uma fonte de influência na transposição didática, não são somente os valores científicos que justificam a existência da disciplina escolar. Além dos valores científicos, há outros argumentos em defesa do ensino da Matemática. Isto não significa que haja consenso entre as fontes de influência da transposição didática, pois há um eterno ciclo de aproximações e conflitos entre as diversas tendências.

Valores utilitários do ensino da Matemática

Os valores utilitários de uma disciplina são aqueles decorrentes da possibilidade de ocorrer uma utilização direta de seus conceitos e suas teorias, em situações do cotidiano, no contexto de uma aplicação técnica ou científica. Entretanto, atribuir um significado objetivo para a utilidade não é tarefa evidente, pois o que é útil para uma pessoa pode não ser para outra. Essa reflexão em torno da utilidade aparece também na diferenciação entre o conhecimento e o saber científico, conforme a interpretação proposta por Brousseau (1988). Para diferenciar conhecimento e saber, o autor coloca em evidência o aspecto da utilidade e remete a questão para a análise das situações didáticas envolvidas em cada caso. Nessa análise o saber aparece associado mais ao problema da validação que, no caso do saber matemático, trata-se do raciocínio dedutivo.

Por outro lado, o conhecimento aparece vinculado ao plano experimental, envolvendo ações com as quais a pessoa tem contato direto. Dessa forma, para dar sentido aos valores utilitários, é preciso remeter a um contexto, considerando interesses e as necessidades dos envolvidos. O destaque da utilidade para diferenciar conhecimento e saber é retomado por Conne (1996) ao desenvolver uma análise do ponto de vista cognitivo. Para o autor o saber é considerado como um tipo especial de conhecimento cuja utilidade se faz com maior operacionalidade. Assim, a utilidade do saber proporciona um olhar mais amplo sobre sua área de produção. O que aproxima esses autores é o destaque da importância de analisar a utilidade em decorrência do contexto em que é considerada. As operações envolvidas em uma aplicação utilitária do saber matemático são realizadas sem a necessidade de justificar as fórmulas empregadas. Os valores utilitários caracterizam-se por esse uso imediato. Quando os conteúdos são aplicados para resolver tais problemas, não é preciso justificar o raciocínio implícito. São valores que dizem respeito ao cotidiano, por isso sua importância é mais perceptível, diante dos resultados imediatos. Embora haja, no senso comum, uma tendência de realçar a importância prática da Matemática, a função educativa da escola não deve se resumir a essa visão pragmática.

Os problemas voltados para atender aos valores utilitários devem ser compatíveis com o nível considerado, embora isso não signifique restringir o trabalho escolar ao domínio individual. Entretanto, contemplar os valores utilitários não significa restringir a vida escolar ao plano da utilidade imediata, o que é um equívoco do mesmo porte que priorizar uma abordagem teórica e abstrata. A opção por esboçar uma concepção de ensino da Matemática pela via da multiplicidade nos leva a fazer uma interpretação articulada entre valores educativos, científicos e utilitários, além de entrelaçá-los com aspectos estéticos, informativos, formativos, lúdicos, entre outros. A partir dessa diversidade de referências, a

Matemática escolar pode ter seu significado expandido em função das próprias diferenças inerentes aos educandos e aos professores. O inconveniente seria centralizar a prática educativa apenas em torno do aspecto científico, como se a aprendizagem de conceitos pudesse, por si mesma, expressar a totalidade dos objetivos escolares.

Existe beleza na Matemática?

Não é usual ouvir falar de valores estéticos da Matemática, pelo menos nas práticas pedagógicas mais tradicionais, onde predomina a ideia de que a objetividade é incompatível com o sentido subjetivo da beleza. Como toda unicidade é composta por uma multiplicidade de componentes, esta não parece ser uma concepção adequada para expandir o significado da educação. Os trabalhos escolares devem envolver várias competências, entre as quais se destacam a objetividade das ciências e outras formas de expressão de conhecimento. Afinal, há uma ligação entre a importância dos modelos e dos espetáculos artísticos, cada um estabelecendo sua própria linha de produção. Uma das maneiras de trabalhar com os valores estéticos da Geometria é estender os laços de proximidade da Matemática com a Educação Artística. Essa abordagem torna-se necessária para evitar a fragmentação precoce do conhecimento.

A simetria também é um conceito que contém essa dimensão estética, e o trabalho com essa noção é articulável com as próprias figuras geométricas. No plano do desenho, o eixo de simetria pode ser associado a uma reta que divide a figura em duas partes iguais. A identificação dos eixos de simetria pode ser realizada de diversas formas, inclusive atividades experimentais, como o uso de dobraduras. Em um primeiro momento, a visualização da figura pode, por vezes, permitir o reconhecimento de eixos de uma simetria. Ainda nessa linha de valorização dos aspectos estéticos, está o conceito de perspectiva, cuja finalidade é realçar a terceira dimensão de um objeto por meio de um desenho, com várias possibilidades de aplicação. Trata-se de um conhecimento organizado teoricamente a partir do período renascentista, com origem na fronteira da Arte, da Arquitetura e da Matemática. Por ser uma noção importante no estudo da Geometria, é preciso levar o aluno a realizar desenhos de objetos tridimensionais, bem como a interpretar as informações geométricas contidas em desenhos dessa natureza, articulando leitura, produção da representação e, consequentemente, a formação de conceitos.

Os valores formativos da educação matemática resultam da convergência não ordenada de todos os demais valores que acabamos de comentar, não esperando precedência de algum deles em relação aos outros. Como resultado de uma expressão subversiva, um aluno pode se deixar seduzir pela perspectiva e vivenciar a mais autêntica motivação interna para vir a ser um arquiteto. Assim também poderão convergir interesses pelos aspectos formais da Matemática. Não há determinismo em relação aos resultados dos valores formativos da Matemática, pois a cidadania não se reduz à influência de uma única disciplina. Os valores formativos da Matemática guardam proximidade com aqueles das demais disciplinas escolares, pois todas visam o desenvolvimento do aluno ao mesmo tempo que apresentam sua especificidade no que se refere ao tipo de raciocínio predominante em sua lógica estrutural. Levando em consideração que esses valores justificam, em última instância, a definição dos objetivos visados pela disciplina, compete-nos realçar quais são as tendências contemporâneas do compromisso comum de todas as disciplinas. A expansão do raciocínio e outras competências associadas são aplicáveis em diversas situações do cotidiano, tais como o desenvolvimento da escrita e da leitura, além de contribuir na formalização do saber escolar e abrir novos horizontes de compreensão das ciências e do mundo no qual o educando está inserido. Essas são justificativas para a defesa da presença da Matemática na educação. Em particular, ela contribui para desenvolver uma linguagem simbólica. O rigor característico da ciência contribui na formação de um tipo diferenciado de raciocínio na medida em que permite comparações com outros tipos de conhecimento.

Métodos e estratégias de ensino

> Métodos, conteúdos, objetivos e estratégias de ensino, de forma integrada, fornecem uma referência para orientar o trabalho docente, mas para explorar a virtualidade da matemática é preciso diversificar os recursos de forma a manter uma coerência entre o método e as estratégias com as quais as ações são implementadas.
>
> (Prospecto do Método)

A presença da Matemática na educação escolar resulta da convergência das diversas fontes de influência da transposição didática, as quais indicam para o professor, além dos conteúdos, os objetivos, os métodos, os recursos e as estratégias. Esses elementos do sistema didático, de uma forma ou de outra, estão presentes em todas as aulas. Entre os componentes do sistema didático, serão destacados neste capítulo, os aspectos referentes à dimensão metodológica. De início, destacamos a existência de uma nebulosa em torno de vários termos aparentados: métodos, metodologias, estratégias, procedimentos, técnicas, dinâmicas, entre outros. Embora alguns desses termos sejam usados como sinônimos na linguagem corrente, pensamos que é conveniente destacar pelo menos algumas conexões entre uma referência mais ampla, ou seja, uma visão filosófica defendida pelo professor e suas manifestações práticas no âmbito da sala de aula, sem pensar em fazer separações entre referência teórica e prática. As estratégias de ensino são procedimentos adotados pelo professor para conduzir as atividades em sala de aula, no entanto, não estão limitadas a esse ambiente. Por esse motivo, iniciamos este capítulo pelo que entendemos ser a articulação entre o método e as estratégias de ensino.

Método e Estratégias de Ensino

O termo *método* nem sempre é utilizado com um sentido único, quer seja na prática pedagógica quer seja na pesquisa educacional. Por esse motivo, é preciso distinguir, pelo menos, duas maneiras de utilizá-lo, e elas contribuem no esclarecimento de questões didáticas da educação matemática. São sentidos articulados entre si, mas não devem ser identificados pelo professor. Em um sentido mais amplo, escolher um método significa fazer opção por um paradigma, por uma filosofia por meio da qual acredita ser possível entender a elaboração do saber, incluindo uma visão de mundo balizada por referências históricas. A partir dessa visão, cada método tem suas categorias, seus principais conceitos, com os quais o professor passa a interpretar sua prática e suas referências teóricas. Quando é feita essa opção, resta construir os procedimentos compatíveis com sua aplicação prática.

Tais procedimentos dizem respeito às estratégias de ação com as quais o professor espera chegar aos objetivos implícitos na opção metodológica. Entretanto, a natureza do trabalho didático não permite determinar todos os detalhes dos passos a ser seguidos. No transcorrer de uma aula normalmente surgem oportunidades para estender os filamentos da didática, criando momentos para destacar aspectos interessantes. Esse acontecimento pode exigir a redefinição de estratégias previstas no planejamento inicial, visando aproveitar a oportunidade. O método e as estratégias são, portanto, componentes didáticas que deveriam ser analisados em todas as disciplinas do curso de formação do professor. Dessa forma, por uma questão de coerência, o método não pode ser trocado com a mesma frequência dos procedimentos. Somente as crises motivam o rompimento de uma visão antiga e a instalação de um novo paradigma.

Estudo em grupo, leitura de texto, aula expositiva, debates, manipulação de materiais didáticos, atividade realizada no laboratório de informática, pesquisa estruturada na Internet, excursões, exposição oral do aluno, resolução de problemas, pesquisa na biblioteca, feira de ciências são estratégias através das quais é possível contemplar a valorização das multiplicidades e das linhas de articulação na prática educativa. Para maior clareza, é preciso ser vigilante quanto à coerência entre o método e as estratégias adotadas. A escolha de estratégias compatíveis com o método amplia as possibilidades de uma realização mais proveitosa dos objetivos, já que considera o processo integrado da educação, inclusive o desafio de aproximação do trabalho coletivo e o atendimento das demais disciplinas.

Escolher um método para orientar a prática pedagógica significa aceitar e praticar um certo número de princípios que atendam as finalidades da educação e as especificidades da disciplina escolar. Isso requer disponibilidade para construir uma coerência entre os pressupostos idealizados e a condução da prática efetiva em que os conflitos aparecem com mais evidência. A busca dessa coerência metodológica inicia na formação básica dos professores e estende-se pela sua vivência pedagógica. Quanto à estruturação das ações metodológicas, dois extremos devem ser evitados: (a) admitir uma estratégia genérica supostamente aplicável a todas as situações; (b) defender a repetição de uma única estratégia específica de uma disciplina, como se existisse uma didática para cada área de conhecimento. Em vez de defender essa visão, preferimos destacar alguns princípios que dizem respeito ao trabalho didático e que estão associados aos aspectos do saber matemático. Nossa intenção é valorizar ações que estimulem o aluno a realizar articulações entre as dimensões teórica, experimental e intuitiva. Para isso, destacamos a noção de *fazer Matemática*, pois através da mesma acreditamos, que através da Matemática, ser possível implementar as articulações entre representações e conceitos.

Fazer Matemática na escola

O método e as estratégias de ensino têm a função de contribuir para que o aluno possa fazer Matemática no contexto escolar, sob a coordenação do professor; é uma das finalidades mais expressivas da educação matemática. Para fazer isso, é preciso buscar dinâmicas apropriadas para intensificar as possibilidades de interação do aluno com o conhecimento. A ênfase dessa ideia é dada à valorização das ações do aluno, porque envolve conceitos, proposições, problemas e afasta a concepção de que o saber matemático está preelaborado e pode ser transmitido para o aluno. Fazer Matemática é uma atividade oposta às práticas da reprodução, as quais consistem em conceber a educação escolar como um exercício de contemplação do mundo científico, de onde vem a ideia de transmissão de conhecimentos. Nessa linha da reprodução do conhecimento, o aluno é levado a fazer cópias, repetir definições e treinar padrões. Essa pedagogia da reprodução é um equívoco, ainda mais quando se pretende oferecer condições para que o aluno possa participar do cenário tecnológico, onde as máquinas digitais, cada vez mais, passam a fazer parte das tarefas mecanizadas. É oportuno lembrar o risco de utilizar o suporte tecnológico para incentivar a prática do copiar-colar, cujo sentido se insere na mesma linha da repetição, na qual a falsa visão de ciência e de educação. Pelo contrário, a parte essencial do trabalho didático volta-se para criação de ações através das quais o aluno interage com o conhecimento.

As ações pedagógicas visam favorecer a passagem do plano virtual para o atual, compartilhada por professores e alunos. Seguindo esse entendimento, não ocorre a elaboração de conhecimentos enquanto não houver essa atualização na consciência do aluno, mas o professor pode propiciar instrumentos para o aluno interagir com esse envolvimento. Em outros termos, o professor proporciona meios pelos quais o aluno é levado a fazer Matemática, no sentido de se envolver efetivamente com o conteúdo e buscar expandir sua autonomia e raciocínio. Por isso, a natureza dessas atividades afasta-se da visão na qual as estruturas são impostas como uma precedência. Como acontece no ensino das demais disciplinas, a educação matemática também envolve transmissão de informações, mas é muito difícil falar em termos de transmissão de conhecimentos, pois estes tomam corpo na vivência do aluno.

Nessa direção está a noção de devolução didática, tratada por Brousseau (1986), segundo a qual o professor deve intensificar as relações no sentido de induzir a devolução de um problema para o aluno, em vez de acreditar na transmissão de conhecimentos. A ideia de devolução busca levar o aluno a realizar um envolvimento direto com o conhecimento. Por esse motivo, admitir que o saber possa ser transmitido é uma visão oposta à atitude de levar o aluno a uma maior interatividade com o saber matemático. Essa devolução tem o sentido de uma transferência consciente de responsabilidade, porque procura envolver o aluno na elaboração de seu próprio conhecimento. A partir desse entendimento, a devolução é uma estratégia metodológica na qual o professor age de tal forma que o aluno aceite o desafio de se envolver com o problema.

Se aceita o desafio, o aluno inicia a expansão da experiência cognitiva. O sentido dessa devolução pertence à linha construtivista, pois pressupõe uma interação diferenciada do aluno e do professor com o conhecimento. Se a transmissão de informações é uma condição para a formar conhecimentos, deve haver um destaque diferenciado para a produção do saber através do envolvimento do aluno. Além de trabalhar com a preservação dos saberes escolares, é preciso proporcionar oportunidades para que o aluno expresse seu raciocínio, desenvolva argumentos e explicite seus algoritmos espontâneos. Nada disso isenta da tarefa de trabalhar com os conteúdos curriculares, preservados pelo movimento da transposição didática. Nesse domínio, converge uma dupla exigência: (a) trabalhar com os conteúdos clássicos; (b) desenvolver competências pertinentes à atualidade. Não se trata de comparar o trabalho do aluno com a produção do saber matemático, comparação inadequada que releva um equívoco na compreensão de parte das regras do contrato didático usual da educação matemática. Nesse sentido toma corpo a ideia de fazer Matemática no contexto escolar.

Importância da ação do aluno

Valorizar estratégias pelas quais o aluno pode fazer Matemática implica identificar esquemas de ação próprios do seu raciocínio. Um esquema de ação é composto por um conjunto de ações praticadas pelo aluno na resolução de certo problema ou ampliação de suas concepções quanto a determinado conceito. Essa noção é importante porque permiti ao professor entender a lógica das ações realizadas pelos alunos. A partir do reconhecimento dessas ações, tem-se a possibilidade de iniciar o desvelamento do fenômeno cognitivo. Tal reconhecimento acontece quando observamos o grau de interatividade do aluno diante de uma situação-problema ou da compreensão de um conceito. Vergnaud (1996) ressalta a importância de perceber as formas invariantes com as quais o aluno interage com a resolução de um problema, organizando suas ações diante de uma classe de situações voltadas para a aprendizagem de um conceito.

Nesse caso, a aprendizagem do conceito evidencia o uso de esquemas, ideia associada a uma classe de situações de natureza experimental ou teórica. Verganaud observa ainda que Piaget foi pioneiro no trabalho com a noção de esquema. Suas pesquisas visavam identificar e compreender procedimentos utilizados por crianças diante de problemas propostos com uma finalidade específica. Se tais esquemas não forem reconhecidos pelo professor, fica difícil decidir se o aluno está ou não fazendo Matemática. Para levar o aluno a se envolver com o saber é preciso desenvolver atividades que multipliquem as articulações possíveis internamente entre os diferentes temas da Matemática, entre as várias maneiras de representar o conhecimento, entre o saber escolar e os conhecimentos do cotidiano e assim por diante. Dessa maneira, é possível prever um grande número de esquemas, mostrando que a aprendizagem acontece também em função do tempo vivenciado pelo aluno e não somente nos momentos abstratos previstos no planejamento didático. As ações didáticas tornam-se mais ricas, quando as ideias embrionárias, os algoritmos espontâneos e os esquemas são explicitados pelo aluno e reconhecidos pelo professor. A partir dessa interatividade pedagógica mais qualitativa é possível, então, levar o aluno a fazer Matemática no contexto escolar.

As ideias matemáticas em fase de gestação, as quais são expressas pelo aluno através de seus esquemas, podem ser associadas aos teoremas-em-ação. Esta noção é descrita por Brousseau (1994) para denominar certos conhecimentos que os alunos expressam e que se encontram em plena fase de elaboração. São concepções que ainda não estão plenamente estabilizadas, mas que o aluno consegue aplicar para resolver problemas. A identificação de tais ideias, por parte do professor, significa um avanço qualitativo no trabalho didático. Assim, as ações devem entrar em sintonia com a pesquisa de estratégias, interligando três componentes do sistema didático: aluno, professor e conhecimento, sem perder de vista as especificidades do nível considerado. Quando é possível estabilizar tais condições, a valorização dos teoremas-em-ação e a transformação do conhecimento reforçam a ideia de o aluno fazer Matemática, visando a expansão do significado de suas ações. A princípio, esse nível de exigência qualitativa pode parecer além das condições de trabalho da maioria dos professores, mas, por outro lado, oportuniza uma prática voltada para a pesquisa, descortinando novos horizontes.

É possível identificar situações em sala de aula nas quais o aluno revela um domínio parcial de uma propriedade ou de um conceito e que podem ser interpretadas à luz dessas ideias pedagógicas, seja fazer matemática, seja devolução e os teoremas-em-ação. Esses são os momentos para implementar ações que busquem uma aprendizagem mais significativa. As características da fase de gestação de um conceito nem sempre são reconhecidas pelo professor. Ainda no que diz respeito às ações do aluno, Muniz (2002) mostra uma série de exemplos de esquemas criados pelos alunos para registrar as primeiras operações aritméticas. Esses esquemas mostram a existência de algoritmos espontâneos, os quais apesar de não pertencerem ao texto oficial da transposição didática, revelam parte da virtualidade contida no pensamento do aluno. O que é considerado por vezes como erro pode revelar até mesmo a existência de um raciocínio criativo, que não foi compreendido pelo professor. Tais exemplos mostram a necessidade de melhor desvelar o raciocínio do aluno. Esse é um desafio didático através do qual o professor se aproxima da fase de gestação do saber. Para estimular o aluno a fazer Matemática e revelar seus esquemas, todos os momentos pedagógicos devem ser aproveitados para levá-lo a envolver-se com os conceitos.

Expandir competências

Outra noção ligada à questão metodológica são as competências, pois em função das categorias priorizadas pelo método, desenvolvem-se diferentemente certos atos em detrimento de outros. De maneira geral, as estratégias de ensino tem o propósito de criar atividades através das quais o aluno possa expandir suas competências, em sintonia com às diferenças individuais e com as metas curriculares. Não basta impor conteúdos sem respeitar as diferenças, assim como não basta tratar das diferenças sem atentar paras as referências históricas do saber. São as articulações entre essas atitudes que caracterizam o fazer pedagógico. A diversidade da sala mostra diferentes níveis de raciocínio, observação, argumentação, análise, comunicação de ideias, formulação de hipótese, memorização e trabalho em equipe. Cada aluno tem melhores condições de atender uma ou outra dessas ações, mas cada uma funciona como porta de entrada para a apreensão do saber. A educação matemática, como as demais disciplinas, participa do desafio de desenvolver competências pertinentes ao cenário tecnológico contemporâneo. Essa questão leva-nos a refletir sobre as tendências do mercado de trabalho que passa a exigir, cada vez mais, competências opostas à da repetição e da memorização.

É preciso adequar estratégias e métodos para responder a esse desafio e, assim, evitar o distanciamento entre a escola e o mundo tecnológico. Para isso, o que contribui com a expansão do significado do saber escolar é a capacidade de trabalhar com a compreensão de conceitos, algoritmos e modelos, o que se distancia do uso inexpressivo da memória e das práticas da repetição. Em suma, entre os objetivos da educação matemática está a intenção de contribuir no desenvolvimento da capacidade intelectual do aluno, expressa pelas competências de formular hipóteses, fazer estimativas, realizar cálculos mentais, estabelecer relações, organizar e interpretar dados, resolver e propor problemas, observar regularidades, generalizar ou particularizar afirmações, redigir textos, entre outras. Os resultados das ações educativas aumentam quando tais competências são articuladas entre si: redigir um texto a partir da observação de uma regularidade geométrica; construir uma tabela ou um gráfico a partir da leitura de um texto; formular um problema a partir da compreensão de um conjunto de dados e assim por diante. Entre as competências que podem ser desenvolvidas no ensino da Matemática está o trabalho coletivo, a ser praticado em sintonia com a valorização do plano individual.

Um dos desafios atuais é pensar no que as tecnologias têm de específico e que pertence também à educação matemática. A compreensão de definições, propriedades, algoritmos e a resolução de problemas são competências cuja expansão depende desse entrelaçamento entre o individual e o coletivo. De maneira ampla, saber trabalhar em equipe é uma competência cada vez mais valorizada na sociedade da informação, na qual predomina a tendência de especialização, porém sem perder a capacidade de diálogo entre as diferentes disciplinas. Como entender essa articulação entre competência especializada e sua inserção nos coletivos de trabalho? A formação dessa competência pode ser iniciada no trabalho escolar; entretanto, corre-se o risco de um entendimento distorcido, quando se pensa que o trabalho coletivo substitui as competências individuais. Pelo contrário, trata-se de um grau mais sofisticado de exigência, porque, além de ter uma sólida formação, o indivíduo é desafiado a interagir em dinâmicas de grupos com pessoas detentoras de outras competências. O mundo digital indica para a educação um conjunto dessas novas condições de produção, veiculação e troca de conhecimentos.

O trabalho em equipe oportuniza a convivência entre os alunos e a troca de informações, além do cultivo da tolerância em relação às diferenças. Além desses componentes, que envolvem relações entre as pessoas, existe a dimensão social da aprendizagem. Quando se trata da inserção dos recursos da informática na educação, a dimensão coletiva do trabalho tem suas possibilidades expandidas, tendo em vista a rapidez e a disponibilidade das fontes de informação digitais. Ainda no sentido de valorizar o trabalho em equipe, Lévy (1993) analisa a existência de uma inteligência coletiva, ampliável em vista do uso racional dos suportes tecnológicos. Quando ocorre convergência de inteligências, o resultado da produção tende a ser superior à soma das produções particulares, como se fosse um milagre da multiplicação de competências. No caso da educação matemática, pesquisa realizada por Sakate (2003) constatou a existência de certa expectativa por parte dos professores que ensinam Matemática, e que já atuam em laboratórios de informática, quanto à potencialidade da articulação dos recursos da informática com o trabalho de equipe, sobretudo, no que diz respeito ao uso didático da Internet para ampliar as fontes de informação. Como no sistema didático, as relações entre professor, aluno e conhecimento são mediadas pelo suporte de vários recursos, não é conveniente generalizar os laços dessas relações; antes é preciso considerar o que existe de específico em cada componente e em cada momento.

Repetição e criatividade

A valorização de estratégias de ensino mais significativas requer a superação de práticas reprodutivistas por dinâmicas através das quais o aluno possa desenvolver sua criatividade. As práticas da repetição e a valorização da criatividade na educação são temas de interesse para a melhoria do ensino da matemática. As ações repetitivas aparecem com mais intensidade, quando o aluno é levado a fazer vários exercícios do mesmo tipo, com base em um modelo fornecido pelo livro ou pelo professor. Um conhecido livro didático de Matemática, publicado na década de 1980, serve de ilustração para a dinâmica pedagógica da repetição. No alto de suas páginas de exercícios geralmente aparece um modelo a ser seguido pelo aluno e logo abaixo, frases imperativas como: resolva; faça, multiplique, calcule, some, seguidas de dezenas de exercícios do mesmo tipo, em que a única forma de representação são os números e os símbolos da aritmética. É um material equivocado e deve ser usado apenas como contraexemplo, pois nega a diversificação das formas de articulação do conhecimento matemático. O resultado desse tipo de atividade é apenas o treinamento incentivado pela crença de que o aluno pode compreender situações próximas do modelo apresentado para depois, aplicar o conteúdo. Felizmente, após a implantação do Plano Nacional do Livro Didático, o caso que acabamos de comentar torna-se cada vez mais raro, pois as diretrizes sinalizam para o que pode vir a ser uma tendência na didática da Matemática.

Outro exemplo de estratégia concebida na ótica da repetição, no que diz respeito à ausência de criatividade e de diversificação de representação, é o caso dos cursos especializados em levar o aluno a treinar cálculos. São empresas cuja proposta é concebida a partir de um pensamento exclusivamente positivista, que não percebeu ainda a necessidade de diversificar os caminhos de elaboração do conhecimento. É preciso refletir sobre o aparente sucesso de tais técnicas de repetição no ensino, pois se trata de uma visão comercial que sobrevive às custas de um fracasso mais profundo, ou seja, aquele da tendência pedagógica que ainda valoriza tais procedimentos. Em decorrência dessa repetição, o aluno pode até acumular certa habilidade em realizar ações padronizadas. No entanto, é cada vez mais necessário desenvolver a criatividade para participar dos desafios contemporâneos. Ser criativo é buscar soluções diferentes daquelas ditadas pelos manuais.

A interpretação do desafio de minimizar as práticas da repetição e expandir a criatividade passa pelas conexões conflituosas entre a unidade e a multiplicidade. Se, por um lado, a repetição fundamenta-se na unicidade de um modelo, por outro, a criatividade exige a busca de caminhos múltiplos para se obter uma solução inovadora. Entretanto, tal como acontece com os seres vivos, não há geração espontânea em termos de aprendizagem. Uma produção criativa resulta do envolvimento efetivo do sujeito com o objeto de estudo. Daí a pertinência de destacar a ameaça de uma incongruência: por um lado, repetições e modelos preenchem parte das atividades de ensino; por outro, o cenário tecnológico exige uma performance diferenciada em termos de criatividade. A resolução de problemas e a formação de conceitos exigem a competência de conhecer pequenas máquinas de repetição e ter criatividade para propor soluções inovadoras.

Argumentação e Matemática

> Da mesma forma como a invenção da oralidade permitiu uma expansão qualitativa da capacidade de comunicação do homem pré-histórico e a escrita forneceu condições para ampliar a inteligência, o uso dos novos recursos da informática proporciona instrumentos para expandir as estratégias de trabalhar com a argumentação no contexto escolar e isto sugere uma ampla temática de pesquisa na área da Educação Matemática.
>
> (Prospecto do Argumento)

No capítulo anterior, destacamos a importância dos procedimentos de ensino para ampliar o significado da educação matemática. Seja qual for, a escolha deve incluir o objetivo de contribuir para que o aluno elabore argumentos de validação do conhecimento, uma vez que a escola não se limita ao saber do cotidiano. A partir dessa visão, a expansão da aprendizagem requer um tratamento diferenciado da argumentação voltada para a validação de proposições, teoremas e dos demais enunciados. No ensino fundamental, a maneira de trabalhar com a argumentação sofre alterações em decorrência do estágio cognitivo do aluno. Essa é uma noção de interesse não somente para a Matemática, mas também para as outras disciplinas. Do ponto de vista educativo, toda afirmação científica recebe algum tratamento quanto a sua validade. Essa argumentação está vinculada aos aspectos metodológicos e deve estar em sintonia com a especificidade do nível escolar considerado. Dessa maneira, reforçamos a ideia de que o trabalho pedagógico consiste em preservar a especificidade do saber científico sem perder de vista sua dimensão educacional.

Argumentação Didática

O trabalho pedagógico com a validação do conhecimento é uma das tarefas do ensino. Mas as características do saber científico não são suficientes para determinar isoladamente a adoção de um único tipo de argumento nas atividades de ensino. Não se pode confundir o território de produção das ciências com a natureza da prática pedagógica. Um aspecto não deve ser vinculado ao outro, ou seja, não se trata de privilegiar um tipo de argumentação exclusiva do raciocínio lógico da Matemática nem circular em torno de interpretações exclusivamente subjetivas. A validade dos enunciados de uma disciplina escolar não pode ser imposta por uma atitude dogmática, o que seria incompatível com as finalidades da educação, pois o estímulo da argumentação contribui tanto na formação de uma atitude mais crítica quanto no desenvolvimento intelectual do aluno. Para isso, diferencia-se a argumentação científica da argumentação didática. Embora estejam relacionadas, não se situam no mesmo plano: a primeira pertence ao domínio dos paradigmas, e a segunda está afeta ao contrato pedagógico. São dois aspectos relacionados, mas com diferenças importantes para a educação.

A argumentação didática envolve todos os recursos e estratégias pertinentes para levar o aluno a compreender a validade de um enunciado. O uso de dobraduras de papel é um recurso didático por meio do qual a argumentação pode ser trabalhada em certos conteúdos de Matemática, por exemplo, quando o objetivo é ensinar que a soma dos ângulos internos de um triângulo qualquer é igual a dois ângulos retos. Além do uso de uma dobradura de papel, podem ser utilizados desenhos e um transferidor para trabalhar com a validade desse enunciado. Tanto o uso da dobradura quanto do transferidor são ações experimentais que estabelecem filamentos com a construção de uma afirmação teórica. É o entrelaçamento entre teoria e experiência. Além disso, a demonstração matemática de um enunciado também é um tipo de argumentação, mas pertencente à dimensão científica de produção do saber e caracteriza-se pela elaboração de uma sequência encadeada de raciocínios lógicos: cada afirmação é deduzida da anterior, com eventual suporte de outras proposições já demonstradas. Esse tipo de argumentação lógica está presente normalmente a partir da sétima série do ensino fundamental, quando se tem a oportunidade de demonstrar que dois ângulos opostos pelo vértice são congruentes ou que a soma das medidas dos ângulos internos de um triângulo é igual a 180°.

A especificidade do saber escolar conduz ao desenvolvimento de argumentações que, mesmo não tendo as mesmas características do saber científico, está mais direcionada para este do que para o saber do cotidiano, em que é praticamente impossível determinar um caminho lógico para decidir se uma afirmação é verdadeira ou não. Quando se omite o trabalho com a argumentação a tendência é se aproximar de uma postura pedagógica dogmática contrária ao que se espera para uma educação escolar mais significativa. A argumentação pode ser feita de diferentes maneiras e com diferentes estatutos em relação ao enfoque dado ao conhecimento. Muitas vezes, a validade de uma ideia é argumentada através do uso de um desenho ou da verificação de alguns casos particulares. Esse é um ponto em que surgem conflitos entre as lógicas indutiva e dedutiva.

O raciocínio indutivo é aquele que leva a uma afirmação com base na observação e na comprovação de casos particulares. Entretanto, esse não é um tipo de raciocínio aceito na metodologia de elaboração da Matemática, porque nem sempre resulta em uma afirmação verdadeira. Por mais elevado que seja o número de casos verificados, isso não é suficiente para afirmar a validade de uma proposição. Esse raciocínio serve apenas para formular uma conjectura, ou seja, de uma afirmação cuja validade ainda não foi demonstrada nem refutada. Essas condições de elaboração do saber indicam a importância de estudar o estatuto das provas no ensino da Matemática, pois constitui um dos pontos centrais na caracterização dos conteúdos estudados na escola, sobretudo na fase da institucionalização do saber. A construção dessa lógica passa tanto pela valorização quanto pela ruptura da prática de argumentação do cotidiano e sinaliza para o professor a necessidade de separar o que pode ser aceito ou não nessa passagem. Para contemplar a multiplicidade contida nas representações dos conceitos matemáticos é preciso trabalhar com diferentes tipos de argumentação, tais como a verificação de casos particulares ou a realização de atividades experimentais, como dobraduras e recortes.

Uma verificação é um tipo usual de exercício matemático, que consiste na comprovação ou não da validade de uma proposição. A validade de uma afirmação como "todo número terminado em dois algarismos que juntos formam um número divisível por quatro é também divisível por quatro" pode ser verificada através de alguns casos particulares. O número 12316 verifica essa afirmação, pois seus dois últimos algarismos formam um número divisível por quatro. Verificar uma proposição é uma atividade essencialmente diferente de fazer uma demonstração. A verificação de casos particulares não é suficiente para garantir sua validade, entretanto este tipo de procedimento exerce uma função importante na busca de contraexemplos que, se encontrados, garantem a não validade da proposição. É preciso incentivar o aluno a fazer verificações, pois essa atividade fornece um dispositivo de controle da própria aprendizagem.

Cotidiano, Escola e Ciência

A maneira de conduzir as afirmações do cotidiano não segue as mesmas condições impostas pelas ciências ou pela escola. Como há uma distância importante entre esses três polos, as linhas de articulação são utilizadas para expandir o significado do saber escolar. Por isso, é conveniente destacar que entre os extremos do discurso usual do cotidiano e do texto científico, situa-se a prática de argumentação nos saberes escolares. O risco é querer identificar o trabalho escolar, seja com os fazeres do cientista, seja com as atividades do dia a dia. O desafio pedagógico reside na ampliação e na transformação da linguagem adotada no cotidiano do aluno para um nível que possa aproximar-se dos saberes científicos. É esse estágio experimental que constitui o território específico dos saberes escolares. Uma das diferenças entre as conversas domésticas e a formalidade da ciência reside no entrelaçamento entre oralidade, pensamento e escrita.

Pesquisas da área de Psicologia, conforme observa Pierre Lévy (1993), revelam que a linguagem do cotidiano possui muito menos estruturas do que a linguagems de um texto escrito, tal como caracterizam os trabalhos escolares. Trata-se não de desqualificar o saber do cotidiano, mas de destacar suas características para entender o melhor caminho de fazer as articulações com o saber escolar. É na linguagem do cotidiano que surgem outras formas de argumento, diferentes daquelas priorizadas no ensino da Matemática. Isso prevê a exigência de rupturas na aprendizagem da disciplina escolar, pois a linguagem do cotidiano não se identifica com o tipo de argumento cultivado na escola. Além disso, na evolução cultural, a oralidade primária refere-se àquela desenvolvida no período anterior ao domínio da escrita. A partir do momento em que os conhecimentos passam a ser registrados pela escrita, a oralidade, ao invés de ter sua importância reduzida, tem sua complexidade expandida e dá origem a uma oralidade secundária, mais consistente do que a cultivada sem o suporte da escrita.

A estabilidade do saber veiculado pela oralidade não se situa no plano da formalidade textual. Como o discurso do cotidiano não é registrado, sua natureza não se compara com a sistematização do saber científico, e esse é um ponto de ruptura na passagem do senso comum para a escola. Tais noções têm implicações nas práticas educativas, pois geralmente predomina um desequilíbrio entre o desenvolvimento da oralidade e o da escrita. Valorizar a argumentação oral não é uma estratégia comum no ensino da Matemática; pelo contrário, predomina uma prática voltada mais para o silêncio do que para o diálogo. Por outro lado, a boa performance de oralidade é uma das competências exigida pelo atual mercado de trabalho, principalmente nas áreas que envolvem mais intensamente as relações humanas. A história mostra, que na Escola Pitagórica, o discípulo deveria ficar seis anos em silêncio, pois a única fonte de saber era a palavra do mestre. Isso não é mais compatível com a atualidade; afinal, conforme a leitura da multiplicidade, nem tudo é número, assim como nem tudo é dígito no tempo das tecnologias digitais.

Argumentação e as tecnologias

Ao estudar a questão da argumentação no ensino da Matemática, acreditamos que é oportuno indagar pelas suas possíveis implicações decorrentes da inserção da informática nas práticas educativas escolares. Segundo nosso ponto de vista, tudo indica que o uso do computador pode alterar as condições de trabalhar com a argumentação, pois a automatização permite realizar um grande número de cálculos com muito mais eficiência e rapidez. É cada vez maior a quantidade de programas educativos que permitem a realização de cálculos ou de outras ações de natureza experimental. Além disso, há outros programas de simulação com os quais é possível estimar os resultados de uma experiência, o que pode reforçar ou não a validade de um argumento. Como tais programas estão cada vez mais disponíveis na educação escolar, somos levados a indagar quanto à necessidade de trabalhar com atividades que permitem explorar melhor a potencialidade desses instrumentos. Assim sendo, as tecnologias da informática têm condições potenciais de contribuir com o trabalho com a argumentação, porque é aplicável, seja na verificação de proposições, seja na resolução de problemas, e seja mais amplamente em pesquisas especializadas da própria área científica da Matemática.

Ainda sobre esse aspecto, Davis (1991) destaca o grande impulso verificado na pesquisa sobre os números primos. Por se tratar de um assunto que requer a realização de muitos cálculos, o uso da informática abriu novas fronteiras para os problemas de pesquisa dessa especificidade da Matemática. Certamente, considerar esse tipo de argumentação realizada através da automatização trazida pelo suporte digital é diferente em relação à performance feita somente com a competência humana, sem apoio da tecnologia. A temática da argumentação no ensino da Matemática encontra-se, portanto, entrelaçada aos desafios do uso da informática e à necessidade de repensar as práticas usuais da repetição. De maneira geral, pensar que os computadores possam demonstrar teoremas ultrapassa até mesmo nossa intuição primária. Entretanto, do ponto de vista lógico, seu funcionamento já é alimentado por algoritmos capazes de executar uma extensa sequência de tarefas lógicas, a partir das quais novas questões se abrem para motivar pesquisas didáticas.

Análise do livro didático

O livro didático é uma das fontes de informação mais utilizadas na condução do ensino da Matemática. Assim, esse recurso deve zelar pela apresentação de definições, propriedades e conceitos de forma correta, do ponto de vista científico e pedagógico. A diversificação de representações, a articulação de linguagens e o tratamento da argumentação são elementos que favorecem a aprendizagem, portanto, devem ser contemplados no livro didático.

(Prospecto do Livro Didático)

A escolha de conteúdos, objetivos, métodos e recursos resultam da convergência de influências que atuam nas disciplinas escolares. Tais elementos encontram-se registrados em teses, softwares, parâmetros curriculares, programas e em outras publicações, como os livros didáticos. São registros publicados para defender a validade do saber a ser ensinado. No sentido mais amplo, trata-se da textualização do saber, conforme expressão usada por Chevallard (1994) para interpretar o fenômeno da transposição didática. Entre esses registros, escolhemos o livro didático para ser o objeto deste capítulo. Quais são as características de um bom livro didático de Matemática em face dos parâmetros curriculares? Tendo em foco essa questão, realizamos uma leitura das diretrizes do Plano Nacional do Livro Didático e destacamos um conjunto de unidades que serão analisadas a seguir. O interesse em estudar essas referências deve-se ao fato de essas indicações expressarem a consciência didática de uma comunidade de pesquisadores, representativa de um dado momento evolutivo da área de educação matemática no Brasil.

Articulação de fontes de informação

A presença extensiva que o livro didático ocupa na educação escolar indica a existência de um recurso pedagógico consolidado, porque resistiu às diversas mudanças ocorridas na educação e no uso das tecnologias da comunicação. A evolução técnica da indústria gráfica, associada aos dispositivos da informática, vem permitindo uma utilização cada vez mais expressiva de cores, fotos e desenhos, multiplicando as formas de representação do saber. Além disso, com o advento das fontes digitais de informação, o uso articulado do livro com outros recursos sinaliza aspectos didáticos importantes e incorpora condições inexistentes nas representações tradicionais, tal como as imagens dotadas de movimento para representar ideias de uma disciplina escolar. Por mais que se tenham variado os métodos de ensino e os enfoques curriculares, o livro está presente entre os instrumentos didáticos.

Mesmo que seus aspectos visuais tenham se modificado nas últimas décadas, em função do avanço tecnológico, continua inalterada sua estrutura básica no que diz respeito ao predomínio de uma apresentação sequencial e linear dos conteúdos. E seria muito difícil alterar esses aspectos, tendo em vista a contingência do próprio modelo estrutural do livro impresso, pelo encadeamento de linhas, páginas e capítulos. O que se pode alterar é a maneira como professor conduz sua utilização em sala de aula, e essa possibilidade pertence ao campo de atuação da didática. A diferença essencial entre a forma textual do livro didático e o amplo hipertexto propiciado pelos programas de computador indica uma linha de estudo a ser considerada nas articulações dos materiais de suporte ao ensino. A linearidade contida no livro revela-se pelo destaque de uma sequência fortemente ordenada e encadeada, a qual tem servido de parâmetro para conduzir a aprendizagem nos estritos limites desse modelo.

Este formato usual do texto escolar geralmente determina as ações adotadas pelo professor. Em casos extremos, há uma forte sobreposição entre a sequência de ações feitas pelo professor na sala de aula e a ordem na qual os conteúdos são apresentados no livro didático. No caso do ensino da Matemática, acreditamos que essa sobreposição seja ainda mais intensa do que em outras disciplinas, tendo em vista o componente mais acentuado da formalidade. Assim sendo, para estudar seus aspectos pedagógicos percebemos a impossibilidade de desvincular as componentes do sistema didático com a questão mais ampla de formação do professor. Torna-se necessário fazer articulações permanentes entre o livro didático e outras formas de expressão do saber, pois no plano educacional mais amplo, a tendência é que todos os recursos possam ser redimensionados e multiplicados para corresponder à multiplicidade contida no fenômeno que interliga ensino e aprendizagem.

O livro didático e a formação de professores

Há diferentes maneiras de implementar a utilização mais qualitativa do livro didático e essa possibilidade está diretamente relacionada aos desafios da formação do professor. Com base na escolha do método, dos objetivos e das estratégias, podem ser desenvolvidas ações nas quais o livro esteja inserido como um recurso. A situação indesejável é que o livro, em si mesmo, com a sua forma linear de apresentação dos conteúdos, determine a parte essencial das ações docentes. Essa é uma inversão totalmente inadequada e desqualifica a importância da função profissional do professor, porque de instrumento didático o livro passa a ser o determinante de todo o processo de ensino. Nesse caso, não há métodos nem estratégias associadas à competência do professor; todas as ações são conduzidas no formato proposto pelo livro. Por esse motivo, compete ao professor conduzir o uso do recurso, e não se deixar conduzir por ele. Essa questão está, portanto, relacionada à competência pedagógica e pertence ao domínio da didática.

Preferimos usar a imagem do rizoma, tal como propõem Deleuze e Guattari (1987) no estudo da Filosofia, para tentar realçar a complexidade contida na análise da textualização do saber escolar. Todos os filamentos de um rizoma estão interligados entre si, formando uma unidade e mostrando que é necessária a convivência da singularidade com a multiplicidade. Projetando estas ideias no contexto deste capítulo, percebemos a importância de aprofundar a análise do livro didático, pois em sua unidade física convivem diversos aspectos característicos das tendências didáticas de uma época. Se, em certos períodos históricos do ensino da Matemática, prevaleceram livros nos quais apareciam, quase somente símbolos matemáticos, certamente também prevalecia uma visão diferente daquela contida nas ideias de diversidade e de multiplicidade.

Métodos, conteúdos, estratégias, objetivos, aprendizagem, recursos, representações são filamentos de um grande rizoma, cujas pontas aparecem na parte exterior do livro didático. Como não podemos abranger todas as dimensões de uma multiplicidade, compete-nos interpretar as possibilidades de intensificar as articulações entre certo número desses aspectos, que passam a delimitar nosso objeto de estudo, procurando localizá-lo no contexto da prática pedagógica. Mesmo prevendo situações em que a escolha do livro não depende somente do professor, sobretudo nas escolas que adotam o sistema apostilado, não devemos perder de vista o que pertence ao plano da competência pedagógica. Com a intenção de valorizar a análise do livro pelo professor, indicamos, nos próximos parágrafos, alguns pontos ligados a pressupostos didáticos. São condições supostamente necessárias para realizar uma educação matemática compatível para as tendências atuais. O destaque dessas observações foi realizado em sintonia com algumas das indicações do Plano Nacional do Livro Didático, as quais foram adaptadas por nós em função das ideias aqui adotadas. Por esse motivo, o leitor interessado em obter mais detalhes pode consultar as fontes primárias, conforme o Guia Nacional do Livro Didático, publicado em 2000.

Correção conceitual

O livro didático não pode apresentar erros conceituais de qualquer natureza, pois nesse caso sua adoção seria um grande equívoco, tendo em vista a necessidade de preservar uma das referências estáveis da educação, que é a objetividade prevista para o saber escolar. Esses erros, por vezes, aparecem diluídos na apresentação de definições, teoremas, pressupostos, exercícios, ilustrações, demonstrações ou propriedades. Essa é uma condição determinante para não aconselhar a escolha de um livro por parte do professor, pois seria incoerente valorizar a dimensão educacional através de uma ciência e, ao mesmo tempo, não preservar a dimensão conceitual desse saber. Nem sempre é uma tarefa evidente perceber a existência de tais erros, pois alguns livros trazem afirmações nebulosas. Nesse caso, são textos que não explicitam a parte objetiva dos conceitos, tal como as definições e, assim, podem induzir o leitor a cometer erros de interpretação. Excluindo as dificuldades de compreensão decorrentes da leitura do aluno, existem frases nos livros que permitem um entendimento dúbio, o que é perceptível somente pelo leitor com certo domínio do conteúdo. Muitas vezes, por não explicitar suficientemente a parte conceitual, o texto deixa ainda transparecer contradições relacionadas à compreensão do conteúdo. Trata-se de um problema grave, pois suas consequências são totalmente imprevisíveis.

Mesmo que o livro não se perca em nebulosas conceituais, sua proposta metodológica deve contribuir para que seu conteúdo seja suficiente para alcançar os objetivos visados, quer em relação aos aspectos pedagógicos quer à especificidade da Matemática. Além de os conceitos estarem corretos e a metodologia devidamente adequada, espera-se que ambos estejam articulados entre si, dentro de uma organização compatível com a natureza da área. Vale lembrar a necessidade de diversificar a linguagem para ampliar as condições de ensino e aprendizagem. É óbvio que o livro tem seus próprios limites por ser apenas um instrumento, e não o objeto principal do trabalho pedagógico. Embora os conteúdos devam ser vistos de forma orgânica, nem sempre a apresentação linear é suficiente para garantir essa integridade, e daí retornamos à condição de analisá-lo em estreita sintonia com os desafios mais amplos da formação do professor. Assim, para manter coerência, uma das condições é intensificar as articulações entre as diversas formas de expressão do saber. Podemos falar de uma articulação interna aos conteúdos próprios da Matemática, quando se trata de relacionar números, expressões algébricas, geometria e medidas ou, ainda, de uma articulação de natureza externa, quando se tratar de relacionar com outras disciplinas ou problemas do cotidiano.

Diversidade de representações

A aprendizagem pode se tornar mais significativa, quando diferentes formas de representação são contempladas no livro didático. Além de valorizar uma abordagem interdisciplinar com diferentes textos, espera-se que o livro apresente números, equações, figuras, tabelas, gráficos, símbolos, desenhos, fotos, entre outros elementos que contribuem nas estratégias de articulação entre conteúdos e disciplinas. Quanto mais intensas forem a interatividade e a articulação, mais significativa será a aprendizagem. O aluno realiza articulações, quando consegue, por exemplo, a partir da leitura de um texto, montar uma tabela ou um gráfico, equacionar um problema ou descrever um argumento. Deve, ainda, ser estimulado a realizar movimentos em várias direções, tal como a passagem da leitura de uma tabela para a redação de um texto, para uma representação gráfica ou para o exercício da oralidade. Embora o interesse seja trabalhar com representações, não podemos esquecer que a apresentação do conteúdo pressupõe vínculos com os conhecimentos prévios dos alunos, considerando a possibilidade de uso de registros espontâneos. Nesse caso, a aprendizagem envolve a passagem desses registros para a aquisição de uma representação mais ampla.

A multiplicidade do ensino manifesta-se por meio de filamentos rebeldes a qualquer tentativa de enquadrá-la em um modelo, fazendo com que todos os poros estejam disponíveis para expandir o conhecimento. Entre os filamentos desse rizoma estão os recursos de ensino e, particularmente, o livro didático. Portanto, a maneira de utilizá-lo deve ser adequada, a fim de possibilitar uma aprendizagem mais significativa. Mesmo que o sentido da aprendizagem possa variar em função das referências adotadas pelo autor do livro, não devemos nos esquecer da importância de localizar melhor o saber em um quadro cultural e científico mais amplo. Não é recomendável que os aspectos científicos sejam exacerbados, de maneira a anular outros valores que também pertencem à disciplina. Uma aprendizagem significativa é favorecida quando o aluno percebe a variabilidade das situações nas quais os conteúdos estão contextualizados. Dessa forma, o livro didático deve apresentar diferentes situações, exercícios, experiências, observações que façam o conhecimento ter mais sentido para o aluno.

Aspectos linguísticos

As condições de expansão da aprendizagem, por meio do suporte do livro didático, dependem ainda da qualidade do tratamento dispensado aos aspectos linguísticos, que podem funcionar como um considerável fator de exclusão. O saber escolar deve estar expresso em uma linguagem adequada e compatível com o nível educacional a que se destina, envolvendo a clareza do texto em língua portuguesa, o vocabulário pertinente à educação matemática, além do equilíbrio entre a linguagem do cotidiano e as várias formas de apresentação da linguagem científica. Em se tratando de livro destinado aos alunos do ensino fundamental, essa linguagem torna-se ainda mais específica, pois outros elementos de comunicação, tal como ícones, fotos, desenhos, símbolos e logotipos devem ser explorados em sintonia equilibrada com os conteúdos. A clareza da linguagem assume uma importância especial quando se trata de fornecer informações para o aluno realizar uma atividade ou de solicitar a resolução de um problema. Não é difícil encontrar enunciados que permitem interpretações dúbias, o que pode ampliar as dificuldades de aprendizagem. Para minimizar os efeitos dessa situação, o aluno deve ser levado a desenvolver o hábito de sempre interpretar, de forma mais analítica, o enunciado de um problema, pois essa é a etapa inicial para a busca de uma solução. Polya (1982) observa que a compreensão do enunciado é uma condição essencial para resolver um problema. A compreensão do enunciado já é um ponto importante porque, a partir desse entendimento, podem surgir as primeiras ideias para a obtenção de uma solução. Assim, um dos problemas da resolução de problemas é a compreensão do enunciado e pertence ao trabalho pedagógico zelar por esse aspecto.

Argumentação no livro didático

A aprendizagem torna-se mais significativa quando o aluno vivencia diferentes formas de tratar da argumentação das afirmações contidas na disciplina de Matemática. No contexto da produção das ciências, a finalidade da argumentação é validar os enunciados, os teoremas, as fórmulas e os demais modelos. É uma noção muito próxima da própria metodologia científica, de acordo com a qual são construídas as estratégias de validação da produção científica. Em outras palavras, o caráter científico de um enunciado depende da comprovação de sua validade por meio de procedimento metodológico legitimado no meio da própria comunidade científica. No contexto didático, o desafio é perceber a proximidade e a distância entre a argumentação circunscrita ao território das ciências e aquela pertinente à educação escolar. Como existem conexões e diferenças entre os saberes escolar e científico, não se trata de priorizar, no contexto escolar, a utilização das demonstrações típicas de argumentação lógica da Matemática. A atitude extrema consiste em um engano da mesma natureza, ou seja, excluir as demonstrações do ensino seria negar uma parte considerável da especificidade desse saber escolar.

Dessa maneira, há duas posições radicais que devem ser evitadas: (a) conduzir o ensino, fazendo uso somente de um raciocínio lógico e dedutivo, tal como pressupõe a especificidade do território do saber matemático; (b) desconsiderar esse tipo de raciocínio na educação escolar. Entre essas duas posições equivocadas, reforçamos a ideia de diversificar os tipos de argumentação. Além de alguns raciocínios demonstrativos, que podem ser trabalhados nas séries finais do ensino fundamental, o aluno pode ser levado a expressar seu pensamento lógico de diferentes maneiras. Verificação de casos particulares, realização de desenhos, redação de textos, debates, comprovações experimentais são maneiras diferentes como a categoria da argumentação pode ser trabalhada no contexto escolar. Uma aprendizagem volátil, do ponto de vista educacional, é aquela baseada somente na memorização de regras, porque o aluno não tem argumento algum para explicá-las.

A princípio, todas as afirmações concernentes ao saber escolar devem ser argumentadas, seja por meio de um raciocínio lógico seja por meio de outras formas compreensíveis pelo aluno. Caso contrário, o sentido da educação tende a confundir-se com o senso comum, pois a afirmação da validade de proposições, sem nenhuma argumentação, concorre para uma visão dogmática. Desse modo, o trabalho com essa noção didática possibilita a formação de uma atitude mais crítica e autônoma do aluno, além de contribuir para o exercício de sua própria cidadania.

A descrição de fatos relacionados ao desenvolvimento histórico da Matemática constitui outro aspecto que amplia as referências do saber escolar e por isso mesmo tais informações devem ser valorizadas no livro didático, pois além de proporcionar o contexto de referência para os conteúdos, proporciona a oportunidade de articulação da Matemática com fatos históricos. Essa dimensão histórica preserva, em particular, a maneira de trabalhar com a argumentação para a validação dos enunciados. O ato de relacionar a produção cultural da Matemática com as grandes civilizações é a oportunidade de também de exercitar as ligações que essa disciplina mantinha com outras ciências e com a Filosofia.

Retorno às competências

Uma das tarefas compartilhadas pelo professor e pelo livro é a apresentação do conteúdo de forma a valorizar as múltiplas competências, tais como anunciam as condições da sociedade da informação. Entre tais competências, estão interpretação e produção de textos, observação, argumentação, organização e tratamento de dados, análise, síntese, comunicação de ideias, formação de hipóteses, memorização, compreensão, trato com o método científico, trabalho em equipe. O livro pode ainda favorecer o desenvolvimento da capacidade intelectual do aluno, se propuser atividades que o levem a fazer conjecturas e estimativas, tal como acontece em diversas situações do cotidiano. De maneira análoga, relacionar dados, construir funções, resolver problemas, observar regularidades, redigir e interpretar textos, são ações capazes de contribuir na formação intelectual do aluno. Nessa linha de atuação, o livro pode ainda propor ações que estimulem o aluno a observar situações do cotidiano associáveis a conceitos matemáticos, investigando e pesquisando a expansão dessas observações.

Ainda nesta linha de valorização das competências, o livro deve apresentar problemas que permitam mais de uma solução ou mesmo soluções em aberto, no sentido de que a resposta dependa de dados fornecidos pelo próprio aluno. Em outros termos, o livro não deve apresentar somente problemas concebidos na ótica da aplicação dos modelos e de respostas padronizadas. Os resultados educacionais da aplicação de problemas estereotipados são profundamente questionáveis. Dessa forma, compete ao professor valorizar diferentes estratégias de soluções apresentadas e argumentadas pelos alunos. As atividades devem favorecer o desenvolvimento da imaginação e da criatividade, evitando a repetição ou a memorização inexpressiva.

Entre os pontos de análise do livro didático de Matemática, incluímos ainda as atividades que podem ser realizadas através do trabalho em equipe. O trabalho coletivo visa favorecer a formação de atitudes de convivência, cooperação, solidariedade, respeito e tolerância. Além dessas componentes, a dimensão social da aprendizagem contribui para o desenvolvimento da oralidade e capacidade de comunicar ideias objetivas. Para isso, retornamos à importância do uso diversificado de recursos, que são trabalhados no contexto da equipe. Trata-se de propor o uso de instrumentos de desenho, atividades experimentais, jogos, realização de trabalhos e projetos que possam contribuir, por meio do trabalho coletivo, na elaboração de conceitos e na resolução de problemas.

Aprendizgem da Matemática

> A aprendizagem da Matemática é condicionada por muitos aspectos, entre os quais devemos valorizar a compreensão de regras em detrimento da memorização. A contextualização do saber e a articulação de representações são estratégias, cuja finalidade é minimizar os efeitos das rupturas da passagem do cotidiano para o saber escolar.
>
> (Prospecto da Aprendizagem)

Este capítulo relaciona temas anteriores com os aspectos voltados para aprendizagem. A figura do rizoma ilustra a complexidade do assunto por esse destaque permanente de novos filamentos. De início, essa complexidade pode ser aproximada pelo reconhecimento das diferentes maneiras de explicar a cognição. Entre as teorias cognitivas mais difundidas, há uma ideia comum de evidenciar a existência de uma relação entre um sujeito e um objeto. Trata-se do predomínio de uma visão binária, em que há um espaço diferenciado somente para dois extremos. Esses elementos são quase sempre destacados nas teorias de aprendizagem, com diferentes graus de intensidade. Essa visão decorre das raízes positivistas, supondo a separação entre subjetividade e objetividade. A diferença entre tais teorias está na maneira de explicar essa relação. Em consequência da crítica ao estruturalismo, a precedência atribuída a essa relação é questionável do ponto de vista educacional, porque, ao centralizar o fenômeno em torno de duas pontas, deixamos escapar outros filamentos da multiplicidade contida no conhecimento. Defender a precedência de duas únicas posições é insuficiente para compreender a complexidade do conhecimento, sugerindo uma interpretação da educação pela via da diversidade.

Aprendizagem e multiplicidade

Para ampliar nosso entendimento da aprendizagem da matemática, quando o aluno não tem ainda condições para realçar as dimensões da abstração e da generalidade, fomos levados a buscar uma forma diferenciada de interpretar o pensamento humano, por conseguinte também o fenômeno da aprendizagem. E, como toda aprendizagem passa pela expressão de algum tipo de pensamento, julgamos conveniente buscar ligações entre as ideias propostas por Deleuze e Guattari (1991) e a elaboração do conhecimento. Além do mais, pela via da multiplicidade, acreditamos ser possível proceder a uma leitura dos desafios da inserção dos recursos da informática na educação. Nessa linha de referência, o pensamento é interpretado como uma constante usina de produzir articulações, onde não há mais possibilidades de priorizar uma relação linear entre um sujeito e um objeto. Partindo da multiplicidade, o conhecimento não é mais concebido como uma ligação linear entre dois polos separados. Daí, não se trata de induzir uma visão abstrata da educação matemática, da mesma forma como não se trata de acreditar no predomínio da visão materialista ou utilitarista.

O modelo linear contido na interpretação cartesiana é redimensionado por uma visão de maior complexidade, envolvendo diversas outras dimensões, muito além da formalidade textual do saber. Daí a justificativa de adotar a imagem do rizoma, com suas inúmeras pontas, para ilustrar os filamentos contidos na produção dos conceitos e dos modelos e suas implicações no fenômeno da aprendizagem. Assim, não resta dúvida: a tentativa de projetar essa visão não cartesiana na educação matemática pode parecer um atentado à boa ordem das estruturas dessa ciência, mas essa não é nossa intenção, uma vez que o objeto em questão é essencialmente pedagógico e visa compreender os labirintos da aprendizagem.

A questão refere-se aos desafios de trabalhar com recursos para viabilizar a expansão da construção conceitual, sem recair na tentação de ficar oscilando entre as duas pontas das dicotomias usuais. No rizoma cognitivo estão contidas diferentes formas de representação da Matemática, tais como símbolos, números, tabelas, gráficos, figuras, entre outros. E a expansão da aprendizagem passa por articulações entre esses recursos de comunicação. Essas articulações são validadas pelas condições de um contrato didático, expresso pelas relações entre a sala de aula, a escola e pela especificidade do conhecimento. Por esse motivo, o professor é levado a compreender o funcionamento desses territórios instaurados num determinado tempo; pode ser no contexto de uma comunidade local ou de qualquer outra instituição social como a escola.

Compreender e memorizar

Um dos desafios da educação matemática é articular compreensão e memorização. Por certo, não é possível preservar a cultura sem que haja algum tipo de memorização. Porém, mas não se deve confundir memória cultural com a memorização inexpressiva, concebida somente na repetição de fórmulas, modelos e regras. Ora, nesta época em que a criatividade é posta com uma das competências indispensáveis ao uso qualitativo das tecnologias, como podemos centralizar o ensino da Matemática em torno de atividades que priorizam a memorização e a repetição? A princípio, a função da memorização na educação matemática deve estar em sintonia com a compreensão do conteúdo, mesmo prevendo uma variabilidade do grau de compreensão em função das diferenças inerentes ao conjunto dos alunos. Dois extremos têm sido postos em discussão: (a) eliminar do currículo todos os conteúdos sobre os quais não se possa fornecer algum tipo de argumentação plausível para o aluno; (b) admitir uma aprendizagem com base quase exclusiva na memorização. Entre esses dois extremos, quais são as estratégias plausíveis para o ensino da Matemática?

Exigir a memorização inexpressiva, sem que o aluno nada compreenda, parece ser uma estratégia inadequada para expandir o significado da educação escolar. A ênfase da nossa interpretação do fenômeno cognitivo, no que diz respeito às especificidades do saber matemático, consiste em direcionar o trabalho pedagógico para a realização das articulações possíveis entre representações, linguagens e conhecimentos, a fim de ampliar o grau de interatividade do aluno com o conhecimento. Desenvolver um trabalho de compreensão em nível da educação básica não se trata de enveredar somente pelos caminhos das demonstrações ou do raciocínio lógico dedutivo, tal como se faz no território científico da Matemática, nem de apenas verificar a validade de regras, testando alguns casos particulares. Na prática, esse trabalho se faz em função do nível cognitivo do aluno.

Outro aspecto referente ao estatuto das regras na educação matemática diz respeito ao caso em que, mesmo sem saber fornecer uma argumentação, o aluno consegue utilizá-la eficientemente para resolver determinado tipo de problema. Esse aspecto, ainda que revestido por uma visão pragmática, é um tipo de memorização que tem um significado prático. Embora seja um tipo de conhecimento limitado, porque resolve apenas uma classe de problemas padronizados, é mais significativo do que cultivar apenas uma memorização inexpressiva, pois até mesmo a aplicação direta de uma regra exige a aplicação conhecimentos auxiliares.

Contextualização do saber

Uma das condições para melhorar os resultados do ensino da Matemática é proporcionar a contextualização do saber de maneira compatível com o nível previsto na escolaridade. Em outras palavras, é conveniente que as condições de aprendizagem ofereçam sentido para o aluno e isso se consegue com a contextualização do saber. Por outro lado, tendo em vista a especificidade da Matemática e as bases cognitivas do aluno do ensino fundamental, a contextualização do saber torna-se uma condição imprescindível. Assim, na visão cartesiana em que sujeito e objeto são concebidos separadamente, a contextualização do saber e a vivência do aluno não têm importância didática. Pelo contrário, quanto mais distante estiverem as condições particulares, mais puro seria o conhecimento. Essa concepção tem sido transformada pela evolução das teorias cognitivas, embora ainda seja possível encontrar redutos de uma visão de ensino centralizado no próprio conteúdo em que todos os atos circulam em torno do saber. Nessa linha de entendimento, em vez de ser utilizado como instrumento para a educação, o saber é visto como objeto. Trata-se de uma inversão não compatível com os desafios da educação.

Ao considerar a multiplicidade na aprendizagem, com maior razão, a contextualização do saber assume um estatuto ainda mais diferenciado. Trata-se de inserir os conceitos em situações nas quais o aluno tem maiores condições de compreender o sentido do saber. Essa é uma noção voltada para a expansão do significado do saber escolar. Na realidade, não basta o destaque de um único contexto: é preciso fazer várias articulações entre diferentes situações para que o aluno possa elaborar o conhecimento.

Em uma abordagem voltada somente para os valores científicos, a contextualização do saber praticamente não é levada em consideração, pois a única referência pertence à abstração do plano da própria ciência, o qual está muito distante do mundo-da-vida do aluno. Essa concepção equivocada é mais uma manifestação do que chamamos de contágio epistemológico, procedente do território científico na prática docente, já que para validar o saber científico, os paradigmas exigem um processo praticamente inverso ao da contextualização. Em outros termos, para validar uma produção matemática, torna-se necessário eliminar as referências ao contexto em que o saber foi criado, pois o objetivo é apresentá-lo da forma mais genérica e objetiva possível. Esse tipo de contágio é profundamente desastroso para a educação matemática, além de revelar uma confusão entre os paradigmas e o contrato pedagógico, tal como descreve Filloux (1976), no sentido mais amplo da educação escolar. Por isso, defendemos a importância de considerar a noção da contextualização capaz de funcionar como substrato para as ações interligadas do ensino e da aprendizagem, respeitando a vivência do aluno e as indicações curriculares. O significado da aprendizagem pode ser ampliado à medida que o aluno consegue fazer articulação entre o contexto proposto e os conceitos envolvidos. Dessa forma, a articulação de conteúdos contribui para uma percepção do contexto social no qual na educação está sendo praticada.

Há várias possibilidades de contemplar a contextualização na prática pedagógica, porque o saber matemático pode ser articulado a fatos históricos, políticos, sociais, econômicos, científicos, estatísticos, técnicos, além de ser possível contemplar aspectos lúdicos, literários, filosóficos, entre outros. Não se trata de impor um aspecto em detrimento de outros, tal como semear uma visão materialista por todos os cantos ou de acreditar no equívoco de realizar abstrações precoces. O inconveniente está na radicalização de favorecer, no ensino, um desses aspectos em detrimento dos outros, o que significa uma negação da articulação entre unidade e multiplicidade. Assim, deve-se persistir na conciliação conflituosa entre os extremos das dualidades características do pensamento pedagógico tradicional no ensino da Matemática.

A educação tem maiores chances de expandir seu significado quando conteúdos, métodos e objetivos encontram-se em sintonia com a vivência do aluno. Isso não significa que a educação deva ser reduzida aos problemas da realidade imediata. O ensino da Matemática na escolaridade fundamental consiste em partir de conhecimentos, que envolvem números, medidas, figuras geométricas e outros conceitos, de maneira que esses elementos estejam articulados com a vivência do aluno. O desafio didático é criar condições para que essa situação inicial possa ser transformada na direção dos saberes escolares, envolvendo a formação inicial de conceitos e a passagem das expressões espontâneas para as representações.

A articulação entre o saber matemático e o contexto educacional é uma maneira de valorizar o plano existencial do aluno e a componente profissional do trabalho docente. Entretanto, é bom realçar que iniciar a aprendizagem a partir de uma realidade próxima do aluno não significa substituir o saber escolar pelo senso comum: segundo nossa visão, isso negaria a função transformadora da educação escolar. Quanto a esse aspecto, a especificidade pedagógica do ensino fundamental é ainda maior, porque os alunos estão vivenciando os primeiros contatos com a formalização do saber e estão quase totalmente dominados pelos conhecimentos aprendidos fora da escola. No entanto, o objeto da aprendizagem escolar tem uma essência que não é a mesma dos saberes do cotidiano.

Obstáculos e rupturas

O saber escolar modifica o estatuto de muitos conhecimentos consolidados pelas experiências da vida cotidiana; assim, pode surgir a necessidade de realizar verdadeiras rupturas e cortes, tal qual descreve Bachelard (1996), quando analisa a passagem do conhecimento natural para o saber científico. No conflito dessa passagem, surgem os obstáculos cuja superação requer uma retomada de consciência para remover velhas concepções e abrir espaço para a formação de um novo conhecimento. São noções construídas para enfatizar a descontinuidade entre os conhecimentos naturais do senso comum e o plano elaborado pela objetividade característica do saber científico. Bachelard tratou desses conceitos para revelar as condições do que chamou de formação do espírito científico, ou seja, para a instauração do território das ciências. Porém, nossa tarefa, neste livro, é projetar essas ideias no contexto mais específico da educação escolar, procurando compreender as condições da elaboração inicial do saber matemático escolar.

A superação dos vínculos com os saberes do cotidiano não é uma tarefa serena nem natural: é mais um dos desafios metodológicos inerentes ao trabalho do professor. Assim sendo, uma parte da multiplicidade do fenômeno cognitivo revela-se pelos conflitos dessa passagem. Todas essas dificuldades assumem um caráter ainda mais particular quando se trata da educação matemática para os alunos que vivenciam a experiência do início da escolaridade fundamental. Nesse contexto, é previsível encontrar um número muito maior de obstáculos didáticos, quando se faz uma analogia entre o conceito proposto por Bachelard e a prática pedagógica.

Um sinal de superação da visão cartesiana na forma de conceber a aprendizagem veio através da teoria sociointeracionista, que destaca, além das relações entre sujeito e objeto, outras fontes sociais que também influenciam o fenômeno cognitivo. Com essa abordagem, passou-se a valorizar mais a vivência dos alunos, suas relações no plano da sala de aula e a contextualização do saber. Seguindo essa tendência de superação, uma interpretação da aprendizagem pela via da multiplicidade é mais complexa do que a visão sociointeracionista porque admite, além da dimensão social, outras fontes de influência na produção do conhecimento. Em outros termos, a direção escolhida neste trabalho, procura não destacar a precedência das estruturas científicas na implementação das atividades de ensino, mas falar em termos da multiplicidade contida na formação de conceitos. São tantas as possibilidades de lançar filamentos para a construção de significado, que não é possível esperar o predomínio de algum modelo para explicar a aprendizagem. Dessa maneira, a educação matemática pode ser entendida como síntese de uma produção individual e coletiva, resultante de várias articulações, entre as quais enumeramos: intuições, momentos, experiências, teorias, condições locais, situações vivenciadas, referências históricas.

Representação, linguagem e obstáculos

> A compreensão dos diferentes tipos de representação dos conceitos matemáticos interfere fortemente no desenvolvimento da aprendizagem do aluno. Como a linguagem matemática não é um organismo fechado em si mesmo nem subsiste sem uma convivência direta com outras formas de comunicação, é preciso articular o uso dos símbolos matemáticos com outras linguagens para facilitar a elaboração de conceitos.
>
> (Prospecto da Linguagem)

Após destacar alguns aspectos mais específicos da aprendizagem, nossa intenção neste capítulo será destacar questões relativas à linguagem da Matemática, que aparecem no uso das diferentes formas de representação de seus conceitos. Desde as séries iniciais, o aluno passa a ter contato com vários símbolos matemáticos, cuja compreensão por parte do aluno está longe de ser um fato evidente. Palavras específicas da linguagem matemática, textos de diferente natureza, desenhos, esquemas gráficos, tabelas, gráficos, numerais, símbolos algébricos, figuras geométricas são usados para representar conceitos, mesmo antes de ser estruturados na consciência do educando. Nesse ponto surge um dos conflitos da aprendizagem: como o aluno pode representar algo que ainda não está criado em sua própria consciência? Por outro lado, não é suficiente dizer que o símbolo deve ser ensinado somente após à formação do conceito, pois todos os recursos de comunicação servem de suporte para o desenvolvimento das ideias. Daí a justificativa para o esboço da hipótese de que a realização de permanentes articulações de representações é uma estratégia importante para expandir a formação inicial dos conceitos.

No estudo desse problema devemos considerar que nenhuma linguagem é um organismo fechado em si mesmo nem sobrevive sem a convivência com outras linguagens e outras formas de comunicação. Esse é um pressuposto de grande interesse para a didática da Matemática, pois o que seria dos símbolos algébricos ou aritméticos, sem a devida articulação com a língua materna? De maneira geral, várias linguagens são interligadas umas às outras, formando uma extensa rede de comunicação para a compreensão do texto matemático. Mais particularmente, a questão semântica exerce uma importância considerável na aprendizagem da matemática. Conforme pesquisa relatada por Ehrlich (1990), a semântica aparece como uma fonte de dificuldade da aprendizagem da aritmética simples, indicando que a resolução dos problemas mais simples já supõe um bom domínio de compreensão de textos, e envolve articulações entre a língua materna e a linguagem matemática.

A aprendizagem dessa semântica não ocorre de maneira espontânea; pelo contrário, requer uma atenção especial, principalmente quando se trata dos primeiros contatos do educando com os conceitos. Essa aprendizagem, mesmo que envolva uma linguagem formada pelos chamados símbolos universais, que existem no plano abstrato, exige a utilização do suporte de outras linguagens. Frases isoladas, somente com símbolos aritméticos ou algébricos não têm poder expressivo de comunicação sem a articulação com a linguagem natural. A simbologia universal da Matemática serve como fonte de referência para a elaboração da objetividade, mas sua aprendizagem requer esse consórcio com outras formas de comunicação: língua falada ou língua escrita, ícones, desenhos. Nesse sentido, para expandir as condições de aprendizagem, é preciso lançar linhas de articulação com essas outras famílias de símbolos.

Ampliações linguísticas

Os diferentes recursos de linguagem proporcionados pelos recursos digitais colocaram em cena uma ideia audaciosa, de interesse didático, que consiste em traçar uma analogia ente o dinamismo característico das imagens mentais, afetas ao plano cognitivo do sujeito, e os suportes visuais que aparecem na tela do computador. Deixando os exageros de lado, pois é praticamente impossível traçar um paralelo entre a mente humana e uma máquina digital, conforme destacam Maturana e Varela (1995), não devemos fazer vista grossa ao que pode ser feito, em termos pedagógicos, com o suporte dessas novas tecnologias. Como esses recursos estão cada vez mais disponíveis, é oportuno refletir sobre a expansão das condições de ensino, sobretudo, quanto aos aspectos favoráveis à compreensão por parte do aluno.

Analisando o estatuto das tecnologias da informática, Pierre Lévy (1998) defende a tese de que não há uma separação nítida entre a produção, interpretação linguística e os outros processos cognitivos. Assim, o redimensionamento da linguagem através do computador serve como recurso para ampliar as condições de aprendizagem, sobretudo no que diz respeito ao tratamento das várias formas de expressão do saber. É oportuno destacar que a possibilidade ampliação da linguagem através do computador revela que tais recursos são diferenciados em relação às outras tecnologias da inteligência. A defesa dessa hipótese passa pela condição de que todo conhecimento está associado a um conjunto de imagens mentais cuja aquisição depende do uso intensivo de várias linguagens. Por esse motivo, tem sido indicada, cada vez mais, a diversificação do uso da linguagem para favorecer a aprendizagem. É provável que a educação matemática possa fazer um uso diferenciado das imagens, ainda mais na parte do currículo dedicada ao estudo da geometria.

É de se esperar que, em consequência da produção crescente de softwares educativos, será cada vez maior a disponibilidade de recursos para o professor exercitar a diversificação de linguagens. Esse movimento de ampliação dos recursos de linguagem inclui, por exemplo, o uso de imagens dotadas de movimento ou de representações na tela do computador. Tendo em vista o dinamismo próprio da mente humana, o uso de imagens dotadas de movimento contribui para ocorrer também uma expansão das condições de aprendizagem, uma vez que toda experiência cognitiva passa por diversas formas de representação, sobretudo pela articulação entre elas. No caso do ensino da geometria a inserção dos computadores na sala de aula amplia as formas tradicionais de representação dos conceitos, porque incorpora elementos como cor, som e movimento e cria representações dinâmicas, que certamente colocam novas questões para as condições de uma representação semiótica, restrita ao contexto de uma disciplina escolar. Resultados de pesquisa nessa direção foram obtidos pelo trabalho de Santos (2003), no qual através do uso de um software educativo, alunos interagiram com figuras geométricas dotadas de movimento. Assim, tais questões abrem um amplo tema de pesquisa, mesmo admitindo-se que a comunicação por meio de imagens dinâmicas não seja uma linguagem no sentido objetivo do termo, ao contrário dos símbolos semióticos da matemática.

A Matemática é uma ciência que desenvolveu através de sua história uma linguagem específica, que exerce uma função objetiva tal qual o próprio significado de seus conceitos, o que reforça a necessidade de considerar, com mais atenção, as implicações dessas representações dinâmicas. De forma geral, cada saber científico desenvolve um conjunto de recursos linguísticos, cada qual no contexto de seu território, cujo sentido objetivo localiza-se no contexto das noções da própria área. No caso da Matemática, tendo em vista a intenção de universalização do saber, foi desenvolvida historicamente uma simbologia própria, que lança mão de vários signos, cujo significado ultrapassa o domínio de uma cultura local. Em certos casos, há símbolos ou grafismos cujo significado nem sempre se encontra explicitado nos livros. É o caso do uso de um pequeno quadrado localizado exatamente no vértice de um ângulo para indicar que sua medida é igual a 90°, tal como se pode verificar em livros didáticos, revelando uma espécie de tradição cultural não delimitada a um único país. Essa tendência de universalização da linguagem é o que acontece também com o uso dos algarismos hindu-arábicos e com os símbolos da aritmética, hoje utilizados em quase todas as nações.

Com a inserção do uso dos computadores na educação escolar, torna-se necessário dominar outros recursos de linguagem para dinamizar a virtualização dos valores potenciais da educação matemática. Incluímos nesse caso o uso dos softwares de simulação, o que traz um componente até então inexistente no ensino da geometria e dos demais temas da Matemática. Com diferentes finalidades, os símbolos funcionam como interface no processo de comunicação. A educação matemática, desde os níveis mais elementares, permite uma introdução ao trabalho de leitura e interpretação de uma linguagem diferenciada cuja especificidade também participa da natureza do objeto didático. A finalidade de trabalhar com esse aspecto é desenvolver a competência de trabalhar com uma linguagem mais precisa e objetiva, tanto na redação quanto na leitura. Seja na realização do trabalho acadêmico, seja nas atividades escolares, é possível identificar a importância cognitiva do uso de uma linguagem específica, que quase sempre aparece interligada a outros recursos de comunicação, sinalizando a existência de um verdadeiro entrelaçamento de símbolos semióticos e outros recursos que não têm essa mesma estabilidade. Isso acontece quando a criança está aprendendo a escrever os primeiros números e alterna o uso dos símbolos oficiais da Matemática com seus registros espontâneos, desenhando quatro pequenos traços para expressar o número quatro. Segundo nossa visão, esse registro espontâneo não se enquadra nas características de um símbolo semiótico, pois não há estabilidade universal de sua compreensão, mas esse casamento articulado entre símbolos semióticos e registros espontâneos é uma realidade da qual o professor não deve se esquecer.

Didática e a linguagem

O ensino da linguagem matemática não deve ser priorizado em relação à compreensão das ideias representadas pelos símbolos assim como a aprendizagem de conceitos não deve ter precedência em relação ao ensino da simbologia. O conhecimento se faz pelo uso articulado da dimensão abstrata das ideias com a percepção das diferentes formas de comunicação. Isso significa que a aprendizagem é concebida como o resultado de permanentes articulações não ordenadas entre símbolos e conceitos, procurando tratar simultaneamente seus aspectos experimentais, intuitivos e teóricos, sem priorizar as abstrações e a dimensão material dos objetos. Assim, ao adotar esse pressuposto, não temos a intenção de priorizar nem a dimensão empírica de uma forma particular de representação, através da visualização e compreensão dos símbolos, nem o plano abstrato dos conceitos.

Em uma das várias tendências da prática pedagógica da Matemática, por vezes o ensino precoce dos símbolos assume uma prioridade inadequada, no sentido de levar o aluno a memorizar símbolos desprovidos de significado para ele. Trata-se de ensinar as operações fundamentais da aritmética utilizando quase somente os algarismos hindu-arábicos, como se esses pudessem ter sentido por si mesmos. Ao contrário, acreditamos que o significado da educação matemática tem condições de crescer à medida que a linguagem numérica for articulada, com a participação do aluno, com outras formas de expressão do conhecimento, prevendo aí a passagem desafiante dos registros do cotidiano para os símbolos objetivos. Por isso, é preciso valorizar estratégias de ensino que envolvam diferentes linguagens e não priorizar a dimensão abstrata dos conceitos, esperando que a aprendizagem da linguagem se efetue num segundo momento.

O zelo pelos aspectos didáticos no ensino da Matemática requer ainda atenção diferenciada por parte dos redatores do texto escolar para o sentido das instruções do enunciado de problemas, proposições e observações complementares, cuja redação deve ser suficientemente clara, a fim de minimizar o conflito de interpretações ambíguas. Nesse sentido, as estratégias metodológicas previstas devem explorar a diferença entre o significado matemático dos termos e o sentido subjetivo que eles podem assumir no contexto da linguagem cotidiana. Esse trabalho não só contribui para o desenvolvimento de uma linguagem mais próxima da ciência, mas também visa sublevar o desafio dos obstáculos linguísticos, quando o aluno associa a um termo um sentido diferente daquele previsto no contexto da Matemática.

Os símbolos linguísticos têm uma função de fazer a interface na interatividade prevista entre o aluno e o objeto do conhecimento. Interface, mediação, suporte material e recurso didático são termos e expressões que têm em comum a função pedagógica de contribuir no processo de abstração conceitual. E, tendo em vista a especificidade da Matemática, tais instrumentos assumem uma importância ainda maior na aprendizagem. Isso pode ser observado desde os níveis mais elementares da educação matemática, quando a criança já está em contato com situações que possibilitam a escrita e a leitura de informações através de uma linguagem simbólica. A tarefa docente é coordenar os trabalhos para não atropelar a construção de sentido no plano cognitivo da criança. Ou seja, os primeiros registros utilizados por ela podem ter um sentido pessoal e, a partir deles, inicia-se a busca da objetividade prevista na linguagem simbólica. Os contatos iniciais do aluno com uma simbologia objetivada no contexto de uma disciplina escolar são ainda mais complexos, tendo em vista a predominância da dimensão singular e material em relação à sua maturidade intelectual. Por esse motivo, a especificidade da formação pedagógica dos professores que atuam nas primeiras séries do ensino fundamental é um desafio que requer a convergência de muitos esforços, porque a natureza da educação escolar prevê o desenvolvimento da habilidade de trabalhar com uma linguagem precisa e objetiva, portanto diferenciada em relação à linguagem do cotidiano. Essa habilidade visa contribuir na formação intelectual do aluno, qualquer que venha a ser sua futura atividade profissional. Na linguagem do cotidiano, os símbolos normalmente não têm um significado único, tal como acontece na formalização das ciências e do saber matemático. Assim, a educação escolar não exige uma tradução rigorosa de seus significados.

Obstáculos linguísticos

As articulações entre o uso de uma linguagem específica e o pensamento humano formam um tema de estudo no contexto da Psicologia Cognitiva e têm interesse para a didática. Quando esse tema é projetado na educação matemática, identificamos questões relacionadas à linguagem, as quais podem originar dificuldades de aprendizagem. O desafio do ensino da Matemática evidencia a importância da linguagem, principalmente da semântica dos novos termos que figuram nas séries iniciais. Deve-se considerar que os alunos das séries iniciais ainda estão na fase de expansão da leitura e da escrita, por isso é necessário sintonizar a alfabetização com a educação Matemática, a fim de incluir a interpretação e a codificação de informações.

Esse cuidado no ensino articulado da língua materna com as demais disciplinas escolares é de suma importância para minimizar as dificuldades de aprendizagem. Quando as palavras e as expressões empregadas em uma disciplina perdem o sentido para o educando, torna-se impossível esperar a formação de conceitos ou qualquer outra aprendizagem significativa. Esse problema agrava-se na tendência pedagógica tradicional do ensino da Matemática porque prioriza a linguagem em detrimento da compreensão. Ora, se as palavras e os símbolos são priorizados e não têm ainda sentido algum para o aluno, quais são os resultados que se pode esperar nesse tipo de atividade? No início da escolaridade, com muito mais intensidade, compreender os termos matemáticos não é fácil nem simples para aluno; esses termos podem se tornar obstáculos linguísticos, para os quais o professor deve estar muito atento.

Dizemos que existe um obstáculo linguístico no contexto de uma disciplina escolar, quando o aluno domina o sentido de uma palavra ou expressão, que aprendeu no ambiente do cotidiano, mas que no contexto disciplinar assume um significado completamente diferente. Embora não tenhamos ainda resultados conclusivos de uma pesquisa em curso, que procura identificar, com mais clareza, o desafio de aprendizagem da linguagem matemática, temos colecionado uma série de exemplos que, de uma forma ou de outra, podem ser encontrados na realidade da sala de aula.

É o caso de um aluno afirmou que o quadrado não tinha nenhuma propriedade, pois o sentido atribuído por ele à palavra *propriedade* seria uma casa, um terreno ou uma moto, tal como as pessoas se expressam no contexto de sua vida familiar. O objetivo dessa atividade nem mesmo era pesquisar questões relativas à linguagem matemática. O pesquisador estava interessado em obter informações quanto às dificuldades de leitura da representação de um conceito geométrico e, por esse motivo, havia escrito em uma folha, ao lado da figura de um quadrado, a seguinte frase "descreva algumas propriedades do quadrado". Dessa maneira, na compreensão espontânea desse aluno, como poderia uma figura geométrica ser proprietária de uma casa, de um terreno ou de uma moto?

Pertence ainda a essa classe de obstáculos linguísticos o entendimento do termo *fração*, no sentido de ser apenas um fragmento, resultante de uma divisão qualquer, sem levar em consideração a condição conceitual de ser a divisão de uma unidade em partes iguais. Esse entendimento não matemático é ainda persistente até mesmo no plano cognitivo de adultos que já vivenciaram um universo caótico de símbolos e regras. Quando isso ocorre, como não há formação de conceitos, o sentido predominante passa a ser aquele que a palavra recebe na linguagem do cotidiano.

Consideramos ser um obstáculo linguístico o caso de alunos que, vivenciando os primeiros passos da aprendizagem, ainda associam à palavra *cubo* o desenho de uma circunferência ou de um objeto que tenha uma parte circular. Verificamos a existência efetiva dessa situação em uma atividade realizada com um grande número de alunos: fornecíamos algumas palavras, e pedíamos a ilustração delas por meio de um desenho. Por que pode ocorrer essa associação? É preciso confessar, de nossa parte, que, na cabeça ortodoxa daquele pesquisador, ainda predominava a visão positivista, em que a palavra *cubo* tinha um significado único e objetivo. Nada mais era concebido, a não ser a clareza dos conceitos matemáticos, até o dia em que relembramos o prazer infantil de consertar o *cubo* da bicicleta, que é exatamente uma peça metálica na forma de um cilindro, portanto, contém elementos circulares. Ao recorrer a um dicionário, encontramos: "cubo é a cavidade cilíndrica na qual insere-se a extremidade do eixo de um carro". Assim, nada mais importante do que defender a necessidade de articulações permanentes entre a linguagem matemática e aquela vivenciada pelo aluno no contexto não escolar. Em alguns casos, é provável que tais alunos tenham vivenciado inúmeras experiências com o cubo da bicicleta, algo muito mais significativo para eles do que a imposição precipitada de uma linguagem geométrica, sem atentar para seus invariantes conceituais.

Muitos outros exemplos de obstáculos linguísticos podem ser descritos, seja no contexto da aprendizagem da Matemática seja nas demais disciplinas escolares, envolvendo termos que podem ter mais de um sentido, sobretudo para os alunos que iniciam a aprendizagem formal de um conceito. Quando existe um obstáculo linguístico no plano cognitivo do aluno, enquanto não ocorrer uma ruptura, não haverá a expansão do conhecimento; por isso, o professor deve estar sempre vigilante para os desafios dessa passagem da vida cotidiana para os saberes escolares.

Virtualidade, árvores e rizomas

> A realidade dos conceitos previstos nas disciplinas escolares pertence ao plano virtual e, portanto, não está inicialmente próxima da vivência do aluno. Dessa maneira, os primeiros passos da aprendizagem de conceitos ocorrem por meio de um permanente fluxo de acabamento, onde interfere a realização de várias articulações. Como são tantas as dimensões intervenientes na aprendizagem, o velho modelo da árvore cartesiana tende a ser substituído pela imagem do rizoma, com suas inúmeras pontas entrelaçadas.
>
> (Prospecto da Virtualidade)

As páginas anteriores pulverizam a noção de multiplicidade em temas da educação matemática com a intenção de destacar articulações entre a abstração e os suportes da aprendizagem. Nosso pressuposto é não prever a precedência absoluta das estruturas e dos modelos na elaboração do conhecimento. Essa referência para interpretar o ensino da Matemática, esboçada na redação deste livro, foi motivada pelas ideias descritas neste capítulo, entre os quais estão a virtualidade e o rizomas, seguindo as indicações propostas por Deleuze e Guattari (1991). O interesse em adotar essas noções nasce da intenção de delinear um método por meio do qual possamos valorizar as estruturas sem atribuir-lhes precedência, ou seja, não admitindo que a aprendizagem seja iniciada no contexto escolar, a partir delas. Nosso interesse em estudar o conceito de virtualidade vem das indicações que ele fornece para compreendernos os desafios do atual cenário de inserção das novas tecnologias informática na educação escolar.

Existe atualmente um uso extensivo do termo *virtual* na educação, mas o seu significado original na Filosofia está longe da forma corriqueira como vem sendo compreendido no discurso cotidiano. Daí nosso desejo de buscar uma referência mais estabilizada para utilizá-lo, tanto na interpretação do sistema didático quanto nos desafios de inserção do uso da informática na educação. O virtual está presente na linguagem da informática e no senso comum, entretanto sua utilização na Pedagogia indica, quase sempre, um sentido não compatível com o seu significado conceitual. É preciso proceder a uma reflexão de suas dimensões no que diz respeito à instituição escolar. O desafio é ultrapassar a simples compreensão etimológica do termo.

Realidade e possibilidade

Como os conceitos não vivem isolados, levamos em consideração os quatro polos do conhecimento destacados por Lévy (1996): virtual, atual, possível e o real. Segundo nossa visão, a compreensão das relações entre esses termos serve de referência para interpretar os desafios pedagógicos da inserção dos recursos tecnológicos da informática na educação. Para uma primeira abordagem da virtualidade é recomendável destacar seus vínculos com a realidade na qual estamos inseridos. Esse é o referencial com base no qual damos os primeiros passos rumo à elaboração do respectivo conceito. Tendo por base a necessidade desse vínculo com a realidade, os quatro polos do conhecimento servem de ponto de partida para a compreensão de uma nova ordem na educação. Não pretendemos buscar definições, mas circular em torno de seus aspectos conceituais. O que apresentamos a seguir é a descrição de um conjunto de unidades nas leituras dos autores citados neste capítulo, que nos pareceram significativas.

A realidade está relacionada ao aspecto material e pertence à ordem imediata das substâncias, das propriedades físicas e das determinações. Os objetos reais têm seus limites definidos e perceptíveis aos nossos sentidos, e essa é uma característica que se transforma radicalmente, quando se trata da virtualidade. A realidade tem uma identidade no sentido clássico do termo e, quando é analisada por uma concepção positivista, normalmente aparece isolada dos aspectos virtuais que a envolvem. A possibilidade caracteriza um objeto quando este tem sua existência idealizada no plano abstrato de um projeto não executado. Antes de ser materializado, o possível está construído no plano das ideias, restando sua existência material. Nessa situação, ele permanece em estado de latência, aguardando uma ação que possa transformá-lo em realidade. O possível é aquilo que tem vocação para ser realizado, sem que essa realização proceda a alterações em sua essência latente. O possível não existe materialmente, uma vez que, a partir do momento em que sua existência ocorrer, ele passa a pertencer ao mundo material. A passagem da possibilidade para a realidade não é uma ação tão criativa no sentido essencial do termo quanto a realização de um objeto ilustra a passagem do possível à realidade.

Virtualidade e atualidade

A palavra *virtual* origina-se do latim *virtualis*, derivado de *virtus*, que por sua vez associa-se à virtude, força e potência. É algo cuja latência e de potencialidade e não como um acontecimento da atualidade. O virtual, no contexto da informática, evidencia um sistema mais caracterizado por suas potencialidades do que como uma fonte de soluções prontas. Está mais próximo de uma proposta do que de uma fonte de soluções para os problemas. O virtual destaca uma fecundidade para possibilitar oportunidades de criação diante de problemas resistentes. Por essa razão, acreditar nessa tendência é procurar inventar melhores estratégias de ação diante das exigências do mundo digitalizado. Assim, a *virtualidade* não é o oposto da realidade. Ela apenas possui uma realidade própria e distinta da materialidade do mundo imediato. Entretanto, sua natureza distancia-se da atualidade, já que envolve o abandono do território imediato.

Uma das características do virtual é o seu estado de latência, que qualifica uma solução predeterminada a se atualizar. Essa condição aproxima o possível do virtual. Mas o virtual não é da mesma natureza do possível, porque o possível já tem implícita a resolução de um problema: falta somente sua realização. A virtualidade traz em sua essência as condições para ser processada através da atualização. Por essa razão, envolve o desafio da passagem da latência para uma solução atual. O virtual está associado à criatividade e à solução de problemas. Esta ideia está ligada à *atualidade*, que se caracteriza pelos acontecimentos do agora. Essa é uma das condições que diferenciam o atual do estado virtual. Os acontecimentos atuais envolvem ações e soluções imediatas que a proposta virtual não visa solucionar em função das contingências do imediato.

Névoa, tempo e latência

Toda atualidade rodeia-se de uma névoa de virtualidade, e não é possível isolar esses dois aspectos como se eles não tivessem um passado entrelaçado. Essa névoa envolve a ação educacional, e nela reside o virtual. Toda separação é momentânea e justificada por uma tentativa de facilitar a análise. Qualquer abordagem educacional não deve ser empreendida sem considerar a complexidade em suas diversas partes. A educação envolve uma diversidade de aspectos importantes na constituição do conceito de virtualidade. Todo acontecimento atual é envolvido por círculos de virtualidades, que se expandem em novas dimensões que circulam o aqui e o agora. No contexto da aprendizagem, ocorre essa mesma propagação dos círculos de virtualidade, revelando a complexidade do rizoma cognitivo, em que são articuladas soluções atuais e realidades virtuais.

Deleuze usa a imagem da propagação de círculos para ilustrar a relação entre o atual e o virtual. Uma de suas teses é que não se deve isolar essas duas dimensões, pois elas são contrários coexistentes. Aproveitamos essa ideia para tratar do uso pedagógico de um erro cometido pelo aluno, o que lembra a relação entre atualidade e virtualidade. Quando o erro é analisado isoladamente, esquece-se do que há de latência em sua estrutura mais profunda. Assim, sua exploração pedagógica reverte o aspecto negativo de seu isolamento, mostrando a dimensão de sua atualidade coexistente com o virtual.

Virtualidade e atualidade são categorias associadas ao tempo. Num certo sentido o virtual se opõe aos acontecimentos da atualidade. Essa observação é importante para evitar uma interpretação inadequada: se um dos princípios educacionais da atualidade defende a ideia de uma escola comprometida com a realidade existencial, não faria sentido pensar em uma dinâmica de sua virtualização, negando esse vínculo com a realidade. Opor o virtual à realidade é uma visão apressada. Devemos, portanto, proceder a uma ruptura semântica. O uso inadequado do termo tem origem na linguagem cotidiana na qual *virtual* é usado para qualificar o contrário de realidade. A própria expressão *realidade virtual* induz a um paradoxo aparente porque contrapor uma realidade *real* a uma realidade *virtual*.

O virtual existe à sua maneira, e sua existência não deve ser comparada com a maneira imediata com que a realidade nos vem à mente; daí a importância de interpretá-lo mais em função do tempo do que do espaço. Tendo em vista a interpretação sugerida pelo uso cotidiano, somos levados a indagar até que ponto o virtual, enquanto qualificativo do processo educacional, tem afinidade com a ilusão. Diante dessas considerações, a atitude é não confundir a acepção do senso comum com o sentido pretendido para a educação.

O virtual qualifica eventos que podem acontecer, mas que permanecem em latência, enquanto não houver soluções e esforços para sua atualização. Ele traz em sua essência um conjunto de condições consideradas suficientes para se processar através de uma realização. O desafio maior é a passagem do estado de latência para um acontecimento da atualidade. O virtual está sempre disponível a se atualizar, pois sua essência contém condições para isso. Entretanto, é uma disponibilidade desafiadora. Essa é a direção sinalizada para a educação condicionada pelos desafios da era tecnológica da informática. Entretanto, sobre o processo de atualização não se tem nenhum tipo de controle. Caso isso fosse possível, deixaria de ser uma situação virtual e passaria a ser um projeto possível. Todo projeto latente traz em si o exercício da criatividade; falta apenas sua execução. A ausência de controle na atualização do virtual deve-se à necessidade do ato criativo.

Virtualidade e Criatividade

O trabalho pedagógico, através de procedimentos virtuais, é, antes de tudo, um convite a valorização da criatividade. Na direção atual da lógica de mercado, esse convite passa a ser uma exigência para o desenvolvimento de competências. Essa tendência de mudança na educação constitui uma complexa problemática, na medida em que inclui uma diversidade de desafios e potencialidades, que não dá nenhuma garantia prévia dos resultados. Pelo menos, esse é um dos principais desafios de revitalização dos sistemas educacionais na era da pós-modernidade. Em particular, a possibilidade de controle do processo didático tende a ser redefinida diante de novos instrumentos digitais. Para acreditar nessa tendência, é preciso colocar em suspeição a aparente estabilidade atual das práticas condutoras da educação. Por certo, essa redefinição de princípios traz uma inquietação, sobretudo quando há o predomínio de uma formação conduzida pela formalidade contida na redação das ciências.

Atualizar o virtual significa realizar uma ação criativa. No contexto da aprendizagem, essa ideia é ilustrada pela resolução de problemas: quando isso acontece, ocorre a atualização de uma solução que permanecia latente no plano virtual. Em outras palavras, antes de ser resolvido, o problema é apenas um desafio. O virtual não é da mesma natureza do possível, porque o possível já tem implícita a resolução do problema: resta tão somente sua realização. Quanto se tem a garantia da possibilidade de uma solução, já não se trata mais de uma situação virtual. A garantia de possibilidade é a característica de um projeto, cujo desafio restringe-se à sua realização. Nesse sentido, o trabalho pedagógico, nos limites da possibilidade ou da execução de projeto previamente concebido, não apresenta uma ação criativa como a da virtualidade. Com isso, queremos dizer que a tendência de valorização das práticas da repetição ou da execução de projetos concebidos por outrem não combina com os desafios de uma proposta de virtualização da educação. A solução de um problema é atualização de um conhecimento que estava no plano virtual antes de ter sido sintetizada.

Essa é uma das condições que afastam as características imediatas da atualidade daquelas do estado de latência e potencialidade contidas no virtual. Por causa disso, a virtualização, entendida como o movimento oposto ao da atualização, exige o abandono do aqui e agora. Os acontecimentos atuais exigem soluções imediatas que a proposta virtual não soluciona em função de um tempo cronometrado. Entre o virtual e o atual, é preciso colocar a resolução de problemas na prática educativa da Matemática. A solução de problemas não é compatível com a lógica da repetição ou da cópia. Por mais simples que seja, a criatividade da solução de um problema manifesta-se na atualização de uma ideia. Essa é uma conexão possível entre a resolução de problemas e a prática pedagógica da educação matemática.

O trabalho com projetos permanece no âmbito da passagem do possível para o real. A realização de um objeto cuja existência já foi concebida por um projeto contém uma dimensão limitada de criatividade. O ato criativo encontra-se próximo da elaboração do projeto que antecipou a existência do objeto. Esse eixo associa o polo da possibilidade e da realidade. O objeto cuja possibilidade foi concebida no plano intelectual já está também criado, faltando apenas sua execução. Isso não significa que a execução se resume em uma atividade inexpressiva. Estamos nos referindo ao aspecto da repetição que desqualifica os caminhos exigidos para as novas formas de aprendizagem.

A conversão do possível para o real acontece quando um projeto arquitetônico apresenta uma antecipação do objeto.

Mesmo que, no transcorrer da sua execução, pequenas alterações possam ocorrer, a concepção essencial do objeto permanece inalterada. Pode-se dizer que, mesmo antes de existir materialmente, o objeto já está latente na possibilidade de execução do projeto. O possível tem um traço em comum com o virtual: o seu estado de latência; como não são manifestos, os dois podem ser confundidos. Na prática, o trabalho com a execução de projetos propõe a transformação de alguma coisa possível em realidade. Essa tarefa consiste em trazer para o plano da materialidade aquilo que já está criado no plano intelectual.

O planejamento didático, concebido como projeto de uma aula, traz implícita a dimensão da possibilidade. O plano resume o que é possível ser realizado. Mas sua execução, quando se prende aos seus aspectos formais, não contribui para um desenvolvimento da criatividade. A aula que já estava idealizada no âmbito do planejamento, se confronta com o quadro da realidade; surge a necessidade de redimensionar aquilo que estava previamente idealizado. Quando as atividades não acontecem conforme o planejamento, a aula concebida permanece não realizada. O planejamento está, portanto, associado à conexão entre o possível e o real. No contexto do uso das novas tecnologias, resta-nos estudar as possibilidades de redefinir o planejamento didático na conexão entre o virtual e o atual.

A virtualização da educação envolve uma compreensão da passagem da possibilidade à realidade e da atualidade à virtualidade. Em cada um desses pares de polos, podemos ainda destacar dois movimentos opostos: (a) a realização do possível e seu movimento recíproco, que consiste na criação de novos projetos, caracterizando um maior grau de criatividade; (b) a atualização do que se encontra no plano virtual e o movimento contrário da virtualização do atual. Cada um desses movimentos caracteriza-se como situações qualitativamente diferentes. Em cada caso, está envolvido um tipo particular de conhecimento. O estudo dessas diferenças conduz à percepção da existência de diferentes maneiras de utilizar as novas tecnologias no contexto educacional.

Na redefinição da prática educativa, prevendo a incorporação da virtualidade, destacam-se duas questões: (a) a especificidade que a noção de virtualidade assume no contexto educacional; (b) os obstáculos inerentes à passagem do sistema escolar atual para uma dinâmica virtual. Essas questões estão relacionadas entre si e localizam-se no mesmo eixo que une as dimensões teóricas e práticas. Certas práticas já valorizam a realização do possível e a atualização do virtual; entretanto, a proposta desafiadora parece ser a análise da virtualização. Partindo das contingências da realidade e da atualidade, dispor-se a avançar na direção do virtual. O interesse pela virtualização justifica-se em face da necessidade de dar maior dinâmica à vida escolar. O eixo das ações desloca-se da posição estática para uma proposta compatível com a virtualidade.

Linhas de articulação

As linhas de articulação são conexões feitas para tornar mais consistentes as ideias, os conceitos, as teorias e as práticas realizadas para a produção de um empreendimento qualquer. No caso da aprendizagem, esse empreendimento é a elaboração de conhecimentos valorizados no fluxo de uma transposição didática. Nesse sentido, seja para aprender, seja para ensinar, é preciso lançar linhas de articulação. Ao interpretar o enunciado de um problema e realizar um esboço sobre o papel, o aluno está construindo uma linha articulação, cuja continuidade depende de outras ações. Para resolver o problema, será preciso costurar outras articulações. Alguns dos recursos lançados são entendidos somente no plano pessoal e não servem como elemento de comunicação linguística; mesmo assim, aparecem no fluxo da aprendizagem. Na solução de um problema sempre há o desafio de lançar linhas de articulação. Elas estão nas entrelinhas dos argumentos, costurando frases, enunciados e propriedades, mas o desafio maior é enfrentar as linhas de fuga, que tentam boicotar os embriões.

Quando se trata de comunicar o saber escolar, passamos a utilizar símbolos semióticos, cuja compreensão estende-se para um contexto bem mais amplo do que o nível pessoal. O desafio na compreensão da linguagem decorre da ausência de estrutura lógica no estabelecimento dessas conexões. Diversas teorias cognitivas são concebidas a partir de modelos nos quais são priorizadas certas articulações. Porém, mas diante das múltiplas diferenças inerentes à educação, esses modelos são limitados. As dificuldades existem porque tais articulações não são criações isoladas. A eficiência dessas articulações na educação está associada à condição de haver outras pessoas que compartilham o significado de símbolos e de ideias. Esse é o caminho conflituoso de construção da objetividade.

Articulações e significado

As articulações produzem significado para o conhecimento. Quanto mais intensas elas forem, tanto mais sentido terá um conteúdo educacional. Existem articulações na redação de uma ideia, na defesa de argumentos, na demonstração de um teorema e assim por diante. Como tais linhas não são criações subjetivas, elas são estabelecidas na dimensão da aprendizagem, por isso surge um agenciamento, no qual se estabelece a construção da objetividade. As linhas de articulação podem ser identificadas por todas as partes, fazendo conexões com outras coisas e nutrindo a aprendizagem. Em particular, a solução de um problema é mais significativa, quando o aluno faz articulações com outros problemas. Isto é lançar uma linha de articulação, é trazer do plano virtual alguma coisa nova, a solução. Embora nem sempre seja fácil lançar essas conexões, compete ao professor estar com o aluno no desafio de expandir essa competência.

O lançamento de linhas de articulação não se resume a uma atividade solitária; pelo contrário, se faz por meio dos coletivos. Compreender as linhas de articulação entre as dualidades do saber matemático tem tudo a ver com o trabalho do professor. Assim, nossa intenção é valorizar uma didática voltada também para a compreensão do que existe de específico no próprio conhecimento, sem incorrer no erro de desprezar a singularidade e a materialidade de cada experiência cognitiva. Para ampliar nossas referências nessa direção, persistimos no esforço de compreender o funcionamento dessas linhas de conexão entre os conceitos e o solo mais palpável de cada experiência individual e coletiva de professores e alunos. Ao adotar esse pressuposto, a objetividade matemática se fará por um permanente combate, traduzido pelos atos integrados da aprendizagem e do ensino.

Árvores, rizomas e educação

A imagem do rizoma é adotada por nós para ilustrar a existência de um emaranhado de pontas no trabalho didático. Comparar as ações pedagógicas ao rizoma reforça a impossibilidade de separar ensino e aprendizagem. Quando ilustramos a prática educativa como um rizoma, o trabalho escolar passa a ser articulado com outros coletivos, criando uma ampla rede de compromisso social e educacional. Assim, o trabalho coletivo contribui para acentuar a complexidade da tarefa educativa. Em oposição à imagem do rizoma, está a estrutura da árvore, com seus diversos níveis de hierarquia, em que cada galho está inserido em uma sequência, e os mais fortes sustentam os menores até chegarem aos pequenos ramos. Essa imagem, durante muito tempo, serviu de referência para explicar as ciências. Por isso, foi usada como modelo para orientar a aprendizagem. Essa comparação entre a árvore e uma suposta ordem científica ficou impregnada nas concepções educacionais.

Preferir o rizoma, não significa querer atentar contra a ideia cartesiana. Antes de tudo, trata-se de buscar o que existe de específico na didática, pois a clareza dos modelos é uma condição que surge somente na fase final de elaboração do conhecimento, jamais nos momentos iniciais da aprendizagem. Pretender impor a ideia de modelos prévios na aprendizagem é, segundo nosso entendimento, uma inversão metodológica. O uso extensivo do modelo da árvore para analisar os desafios da educação é questionável, pois a formalização é um ponto de chegada no próprio das ciências. A alternativa para combater esse excesso é propor uma concepção de aprendizagem na qual as estruturas não têm precedência em relação às diferentes formas de ensinar e aprender. Assim, nossa intenção é propor uma interpretação da aprendizagem inspirada na valorização da multiplicidade.

O redimensionamento do modelo da árvore pelo rizoma não é uma tarefa fácil: de modo geral, ainda convivemos nas disciplinas escolares com fortes resquícios positivistas. Uma das dificuldades para fazer as ampliações pretendidas decorre da ilusão de que a aparente estabilidade das estruturas traz soluções duradouras. Isso pode ser percebido na educação matemática, porque existe um contágio entre o entendimento das estruturas e a maneira de conceber a cognição. Quando se tem essa visão, a aprendizagem é confundida com a forma de apresentar o texto científico. Se isso fosse verdade, ensinar seria apresentar uma lista bem ordenada de axiomas, definições, teoremas e aplicações.

Experiência, intuição e teoria

> A aprendizagem da geometria recebe influência de três aspectos que devem ser considerados na condução da prática educativa: intuição, experiência e teoria. O significado do saber escolar pode ser ampliado através das articulações entre esses aspectos mediados pela linguagem, pelo uso de objetos materiais e por desenhos, visando a formação de imagens mentais associadas aos conceitos.
>
> (Prospecto das Experiências)

Após circular pelo território das leituras garimpando conceitos com os quais interpretamos o ensino da Matemática, pretendemos, neste capítulo, falar de experiências e intuições voltadas para a construção do aspecto teórico. Partimos do princípio de que é conveniente destacar esses três aspectos do conhecimento, os quais contribuem para a compreensão dos movimentos alternados entre os mundos da vida, da escola e das ciências. A aprendizagem da Matemática envolve o desafio de elaborar articulações entre as dimensões teórica e experimental, valorizando generalidade, abstração, particularidade e a materialidade dos recursos didáticos. Este capítulo tem um estatuto diferente em relação aos anteriores, por se tratar de resultados de pesquisas realizadas com a colaboração do Grupo de Estudos do Ensino da Geometria da Universidade de Montpellier. Os resultados obtidos foram relidos à luz dos conceitos aqui descritos. Para isso, destacamos quatro pontos que serão apresentados nos próximos parágrafos: objetos, conceitos, desenhos e imagens mentais. As articulações entre esses elementos condicionam o trabalho didático e o raciocínio do aluno na construção do conhecimento geométrico.

Suporte da materialidade

Os objetos associados aos conceitos geométricos formam um importante componente da fase inicial da aprendizagem porque pertencem ao mundo material, onde o aluno vivencia um estágio mental no qual não predominam as abstrações. Os objetos associados ao conceito de cubo podem ser um dado feito de madeira, plástico, cartolina ou de outros materiais. Esses objetos assumem a condição de recursos didáticos, quando o professor contextualiza sua utilização, visando destacar aspectos do conceito. É quase sempre possível associar objetos às noções geométricas previstas na educação básica. No entanto, o uso desses suportes deve ser feito para a aprendizagem não permanecer isolada ao plano das experiências particulares.

A natureza particular e concreta dos objetos materiais permite uma facilidade de manipulação, tendo em vista a influência da percepção do mundo externo. Entretanto, essa manipulação não pode se limitar a uma atividade manual, pois o objetivo é destacar as primeiras ideias componentes do conceito. Não se trata de valorizar uma manipulação ingênua, em que predominem informações colhidas puramente pela sensação.

A intenção é iniciar a realização de uma experiência cognitiva voltada para a expansão do pensamento abstrato. Bkouche (1989) descreve o sentido esperado, do ponto de vista didático, para a realização do que chama *experiência raciocinada*, na qual a manipulação é sempre acompanhada da atividade intelectual, estabelecendo relações dialéticas entre as dimensões teórica e experimental. O uso desses recursos coloca em pauta o confronto entre a abstração e a materialidade. Inúmeras vezes percebemos a existência de uma expectativa docente de que o uso dos recursos materiais possa levar o aluno a descobrir propriedades e, assim, contribuir na abstração. Manipulando um objeto cúbico, o aluno pode constatar o número de faces, vértices, arestas, o paralelismo entre as faces, número de arestas que se encontram em um vértice e assim por diante todavia essa é uma atividade que prevê a interatividade direta com uma orientação pedagógica, sob pena de reduzir o ensino da geometria ao plano dos saberes do cotidiano.

A constatação desses invariantes conceituais pode também ser feita através da leitura de um desenho. Entretanto, quando se trata da geometria espacial, o uso da perspectiva oferece uma complexidade maior, se comparada com a manipulação de um objeto. Essa aparente facilidade do objeto reside no imediatismo do suporte material e a leitura do desenho requer de um tipo inicial de abstração. Trata-se não de condenar o uso de objetos e, sim, de reconhecer o desafio existente na fase inicial da aprendizagem, e superar a materialidade para a elaboração de uma leitura conceitual da geometria.

A materialidade deve ser superada na continuidade das séries subsequentes, a fim de permitir o desenvolvimento da abstração. A expansão da dimensão teórica ocorre por uma dinâmica de retificações sucessivas, por isso é possível identificar diferentes níveis de elaboração do conceito. Embora não haja uma única maneira de iniciar a aprendizagem, a percepção da dimensão física é uma das formas iniciais de expressão do conhecimento. Segundo nosso entendimento, não é adequado focalizar, no início da aprendizagem, o uso dos objetos somente em termos de representação, porque essa expressão pressupõe a existência de um mundo externo e distante da realidade do aluno. No plano cognitivo do aluno das séries iniciais, o representante é apenas um modelo físico que pode contribuir na formação das ideias, mas não representá-las. A representação toma sentido, quando os conceitos encontram-se relativamente estabilizados no plano da cognição. É devido a essa relativa facilidade de manipulação que os objetos são considerados uma forma primária de expressão de informações relativas ao conceito.

Geometria e os desenhos

A ilustração dos conceitos por meio de um desenho é um dos recursos mais utilizados no ensino da geometria. No estudo dos conceitos geométricos planos ou espaciais, o desenho funciona como um importante suporte da aprendizagem. Entretanto, não existe determinismo nesse sentido, pois a própria história mostra a existência de grandes matemáticos cegos; portanto, jamais utilizaram desenhos para aprender. Existem múltiplos recursos através dos quais o saber pode ser produzido, gerando as possibilidades didáticas de ensinar portadores de necessidades especiais. Sem pretender aprofundar, restringimos nossas considerações ao caso do uso dos recursos visuais para o ensino, e essa presença destaca-se nas aulas de geometria, quer seja nas páginas do livro, seja nas anotações do professor, e seja no caderno do aluno.

Essa presença significativa leva-nos a uma reflexão sobre o seu estatuto na aprendizagem. De início, podemos destacar que, assim como o objeto, o desenho é de natureza concreta e particular, portanto, oposta às características do conceito. Essa correlação entre o particular e o geral, entre o concreto e o abstrato localiza-se no centro da questão cognitiva, destacando parte dos desafios da necessidade de transposição do próprio desenho. O desenho na geometria plana é normalmente identificado, pelo aluno ao próprio conceito, pois na fase inicial da aprendizagem a materialidade exerce forte influência. Porém, quando se trata da geometria espacial, surgem dificuldades adicionais relativas ao uso de uma perspectiva. Trata-se de uma técnica cuja finalidade é colocar em evidência a terceira dimensão de um objeto e constitui uma das dificuldades da fase inicial da aprendizagem da geometria no espaço.

Nesse sentido, Bonafe (1988) analisa as dificuldades do ensino da geometria espacial, quando o aluno ainda não tem imagens mentais suficientemente desenvolvidas para decodificar uma perspectiva e correlacioná-la com as ideias geométricas. Segundo o autor, tanto a realização quanto a leitura de uma perspectiva, revelam dificuldades de aprendizagem. Essas observações sugerem um estudo mais detalhado em torno da possibilidade de o desenho se transformar em obstáculo. De fato, experiências realizadas em sala de aula mostraram que, na leitura de uma perspectiva, o aluno pode fixar sua atenção em determinados aspectos do desenho, e não perceber a totalidade intencionada na representação. Assim, o uso desse tipo de desenho requer a atenção do professor para acompanhar a evolução da leitura pelo aluno, pois nem sempre a decodificação das informações contidas no desenho acontece como se espera.

Entre os desenhos que geralmente aparecem nos livros didáticos, alguns destacam-se por apresentar semelhanças relacionadas a uma posição ou a uma forma particular. São desenhos usados frequentemente, por isso despertam interesse para a educação matemática. Esses desenhos têm uma importância didática diferenciada e, assim podem ser chamados de configurações geométricas. A análise dessas figuras fornece informações pedagógicas para a dinamização do ensino da geometria. O uso extensivo do desenho permite considerá-lo uma forma de representação com um nível de complexidade maior do que o uso de objetos. A decodificação de informações geométricas contidas no desenho requer o domínio de algumas convenções que nem sempre são ensinadas de forma explícita nos livros. Os desenhos geralmente apresentam detalhes de natureza gráfica sem esclarecer, por meio de uma legenda, o significado pretendido. São detalhes da própria representação que têm o significado baseado mais em uma espécie de tradição do que em informações explicitadas pelo texto escolar. A ausência de informações sobre o significado de tais detalhes pode fazer aumentar as dificuldades de leitura de uma perspectiva.

Imagens mentais associadas à geometria

A formação das imagens mentais é um tema de interesse da Psicologia Cognitiva por permitir uma forma ampla de representação. De maneira particular, nosso interesse limita-se às imagens mentais associadas aos conceitos geométricos. Entre as atividades mais elementares do ensino da geometria, é possível identificar situações nas quais o aluno é levado a imaginar uma figura geométrica, geralmente a partir do estímulo de alguma palavra associada. Como não há geração espontânea de imagens mentais, as atividades que lançam mão desse recurso têm seu significado ampliado, quando se encontram articuladas a outros aspectos visuais do conhecimento.

A inclusão do estudo das imagens mentais em nossa pesquisa foi inspirada, a princípio, pelo trabalho de Denis (1989) dedicado ao fenômeno da cognição. Essas imagens são de natureza diferente daquelas do objeto e do desenho e se destacam por suas características subjetivas e abstratas. Por serem abstratas, podem ser relacionadas aos conceitos, mas devido aos seus aspectos subjetivo e particular afastam-se das condições de elaboração dos conceitos científicos. Entretanto, a construção da objetividade prevista nos saberes escolares passa por várias articulações com a subjetividade inerente ao conhecimento. Dessa maneira, não há como fugir dos laços que ligam o plano existencial do sujeito com o plano histórico e social das ciências. Para uma educação mais significativa, não é adequado solicitar ao aluno uma abstração de sua própria dimensão corpórea, abrindo mão de sua subjetividade, para aprender ideias objetivas, como se os seres humanos fossem apenas uma subespécie da produção histórica.

Embora não seja fácil definir uma imagem mental, dizemos que o aluno tem uma dessas imagens quando ele é capaz de enunciar, de forma descritiva, as propriedades de um objeto ou de um desenho na ausência desses elementos. Assim, como as noções geométricas são ideias estranhas à sensibilidade imediata e exterior da mente humana, a formação de imagens mentais é uma consequência do trabalho com desenhos e objetos. A aprendizagem da geometria envolve o desenvolvimento de habilidades pelas quais o sujeito revela domínio sobre um conjunto de imagens associadas a conceitos, propriedades geométricas. Imagine uma reta perpendicular a um plano; seja a diagonal de um quadrado, são exemplos de frases que fazem apelo direto a uma imagem mental. No transcorrer da aprendizagem, aos poucos, o conjunto de tais imagens é enriquecido, no aspecto tanto quantitativo quanto qualitativo.

De acordo com as finalidades educativas da Matemática, tais imagens serão tanto melhores quanto mais operacionais elas forem, o que permite o desenvolvimento de um raciocínio mais dinâmico para a resolução de problemas ou para novas aprendizagens. No ensino da geometria, a utilização integrada de objetos e desenhos contribui na expansão da formação de boas imagens mentais e, assim, elas passam pouco a pouco a se constituir um terceiro suporte de elaboração do conhecimento. A natureza dessa forma interna de compreender a geometria; por um lado, é bem mais complexa do que o ouso de um objeto material ou de um desenho; por outro lado, permite maior operacionalidade na solução de problemas.

Generalidade e abstração na geometria

A generalidade e a abstração dos conceitos geométricos são elaboradas por um permanente fluxo de aproximações sucessivas que envolvem as influências múltiplas do mundo físico. Nos vários estágios não ordenados da elaboração conceitual, aparecem articulações entre as dualidades contidas na Matemática. Trata-se da realização de permanentes comparações entre o mundo das ideias e o mundo físico. Se, por um lado, a valorização da abstração tem sido enfatizada no ensino da geometria, por outro, as dificuldades de aprendizagem revelam a necessidade de aprimorar a identificação de obstáculos existentes à formação do conhecimento. A expansão do significado conceitual passa por um processo evolutivo, no qual o aluno é estimulado a relacionar os aspectos intuitivos e experimentais, prevendo ainda um trabalho permanente para evolução da linguagem pertinente à geometria. No enfoque atribuído a esse trabalho, a representação de um conceito somente tem significado, quando uma certa formalização do representado já existe no plano cognitivo do aluno.

Perante as dificuldades impostas pela abstração, na aprendizagem elementar, ocorre uma identificação por parte do aluno entre o conceito e suas representações. É assim que um simples traço passa a ser a *própria reta* ou como no caso clássico da geometria plana em que os conceitos são identificados ao seu desenho. É importante ressaltar que a própria palavra *figura* pode ter uma dupla interpretação no contexto do estudo da geometria: uma como conceito geométrico; outra como representação gráfica. A análise da dimensão linguística na aprendizagem da geometria inicia-se pelo trabalho com o próprio aspecto semântico dos termos empregados. A transposição dessas correlações, envolvendo os aspectos linguísticos do conhecimento, participa dos obstáculos pertinentes à aprendizagem. Do ponto de vista científico, o conceito não pode ser susceptível a modificações subjetivas que permitam diferentes significados. Mas, enquanto conhecimento, construído na sinuosidade dos vínculos subjetivos, existem detalhes que determinam diferentes níveis de conceitualização. Cada indivíduo possui uma série de imagens associadas a um conceito. Embora esses elementos sejam abstratos, o primeiro refere-se ao domínio subjetivo, enquanto o segundo ao aspecto racional das ciências, e o trabalho didático situa-se entre eles.

Aspectos do conhecimento geométrico

Ferdinand Gonseth (1945) analisa três aspectos na evolução dos conceitos geométricos: o intuitivo, o experimental e o teórico. A intuição é uma forma de conhecimento espontâneo e imediato, quase sempre disponível no espírito das pessoas com alguma vivência no contexto considerado e cuja explicitação não requer uma dedução expressa por uma sequência de argumentos. Um conhecimento baseado na intuição caracteriza-se pela sua funcionalidade, quando comparada com as afirmações lógicas desenvolvidas por meio de uma sequência de raciocínios dedutivos. Mas esta disponibilidade é relativa aos conhecimentos acumulados pelo sujeito portador dessa intuição. O que pode ser intuitivo e evidente para uma pessoa, pode não ser para outra, indicando um aspecto fortemente subjetivo desse tipo de conhecimento.

A validade dos axiomas da geometria euclidiana é aceita com base na intuição. Conforme observa Bkouche (1983), Legendre, um notável matemático da época da Revolução Francesa, inicia sua obra clássica *Eléments de Géométrie*, definindo um axioma como uma propriedade geométrica cuja validade é evidente por ela mesma. Por outro lado, um teorema constitui um tipo de conhecimento não intuitivo, e pode tornar-se válido em função de um raciocínio lógico. Uma vez admitidas as noções intuitivas, o raciocínio matemático traduz-se por uma sequência lógica de deduções. Para exemplificar uma intuição referente à geometria, imaginemos a seguinte questão: uma reta que passa por um ponto interior de uma circunferência intercepta essa circunferência?

Alunos com iniciação no estudo da geometria não têm maiores dificuldades para concluir que a reta irá interceptar a circunferência em dois pontos. A afirmação imediata desse conhecimento é uma forma de intuição. Por outro lado, este resultado pode ser concluído por meio de uma construção experimental, através de um desenho, e nesse caso, a descoberta ou a verificação de uma propriedade é um tipo de conhecimento experimental. Essa interseção pode ainda ser provada por uma demonstração, sem o recurso direto da intuição ou do desenho, consistindo no aspecto teórico do conhecimento. Finalmente, voltamos a destacar a valorização integrada de aspectos didáticos, intuitivos, experimentais e teóricos, construindo articulações para a formação de conceitos.

Na compreensão da aprendizagem matemática deve-se considerar a elaboração conceitual como um fenômeno entrelaçado a várias formas de expressão do conhecimento. Uma formalização inicial dos conceitos passa por vínculos entre o uso de objetos materiais, desenhos, linguagem pertinente, prevendo a formação de imagens mentais associadas ao conhecimento geométrico. As relações entre esses elementos constituem uma parte das atividades previstas para a fase inicial da escolaridade fundamental. A intuição tem algo em comum com as imagens mentais: ambas apresentam disponibilidade imediata de utilização e são subjetivas. Os objetos, os desenhos e a linguagem são recursos integrados para a construção do conhecimento, enquanto a construção do conhecimento teórico da geometria caracteriza-se por conceitos, definições, teoremas e proposições.

Algoritmos, modelos e regularidade

> A compreensão da Matemática escolar é uma prioridade em relação à memorização de regras, fórmulas e algoritmos. A potencialidade desses modelos exige um atencioso trabalho para desenvolver a argumentação, explorando a virtualidade contida na criação dessas máquinas abstratas e não avalizando práticas baseadas na repetição.
>
> (Prospecto dos Algoritmos)

O destaque da dimensão experimental e de suas articulações com a teoria, como acabamos de abordar, motiva-nos a estudar a presença da regularidade no ensino da matemática. Os algoritmos e os modelos são máquinas abstratas, especializadas em fornecer respostas rápidas e seguras por meio da realização de uma sequência linear de ações padronizadas. O usuário realiza uma parte da tarefa, fornece os dados e realiza os comandos e a lógica contida virtualmente no algoritmo, completa as ações para obter a solução. É uma dinâmica encadeada pela qual convergem as ações do usuário e a eficiência do algoritmo. Como ampliar o uso qualitativo dos algoritmos no ensino da Matemática a partir da disponibilidade crescente dos recursos da informática na educação escolar?

Os algoritmos no ensino da Matemática

Um algoritmo é um dispositivo lógico, geralmente organizado através de um esquema gráfico, formado por uma sequência ordenada de ações que devem ser rigorosamente seguidas para a solução de um problema, para a realização de uma tarefa ou de uma operação matemática. Trata-se de um dispositivo abstrato que sintetiza, por essa sequência de ações, um conhecimento muito mais amplo do que revela sua aparente simplicidade. Por esse motivo, é um instrumento útil para simplificar as operações matemáticas, porque economiza o esforço empreendido pelo seu usuário. Tendo em vista essa utilidade, tais dispositivos estão amplamente presentes no ensino da Matemática. Um dos problemas do ensino dos algoritmos decorre da concepção equivocada de que as ações neles previstas podem ser apenas memorizadas, em detrimento de sua compreensão, como se esse nível de aprendizagem estivesse fora dos objetivos escolares.

Há duas posições extremas que devem ser evitadas no uso dos algoritmos: (a) levar os alunos a memorizar, de forma inexpressiva, a sequência das operações, sem nenhuma reflexão quanto à sua lógica e validade. (b) analisar o funcionamento lógico-matemático de todo algoritmo previsto no ensino fundamental, o que pode trazer dificuldades do ponto de vista matemático. Entre esses dois extremos, localiza-se o trabalho didático de levar o aluno a fazer verificações sucessivas, procurando entrelaçar a realização de cálculos com níveis cada vez mais amplos de compreensão.

A aprendizagem de um algoritmo não se reduz a uma simples memorização ou a um treinamento concebido sob a ótica da reprodução. A utilização educacional desses dispositivos está associada a uma efetiva compreensão do sentido das operações contidas na sua aplicação. Desde as primeiras aulas, o aluno já está em contato com algoritmos, tais como os usados para realizar as operações da aritmética. No caso da soma de dois números naturais, a simples recomendação de registrar unidade sob unidade, dezena sob dezena e assim por diante, exemplifica uma forma prática de organizar o raciocínio lógico, facilitando a realização da operação. Essas criações têm a potencialidade de resolver um grande número de problemas, mas todos delimitados às condições lógicas previstas na sua criação inicial. Além disso, um algoritmo nunca quebra nem enferruja e tem a vantagem de ser ativado quantas vezes o usuário necessite.

O uso articulado entre os modelos e as máquinas digitais pode resultar na expansão qualitativa da educação matemática, abrindo novos objetos de pesquisas. Entretanto, essa possibilidade vem acompanhada de muitas dúvidas quanto à pertinência de continuar avalizando práticas concebidas exclusivamente com base na repetição. Em outros termos, a vantagem de uso de um algoritmo não deve inspirar uma prática concebida na repetição e na mecanização de operações. Pensar dessa maneira seria confundir a eficiência de um modelo matemático com as competências desejáveis para a formação intelectual do aluno.

Nem todo algoritmo tem uma explicação matemática evidente no nível da Matemática estudada no ensino fundamental. Pensemos no antigo algoritmo da extração da raiz quadrada: qual é a explicação lógica para sua validade matemática? Como demonstrar que a sequência prevista resulta, de fato, na raiz quadrada? Por vezes, essa compreensão requer uma análise bem mais cuidadosa, além de recursos aprendidos na escolaridade fundamental. Nesse sentido, um bom trabalho acadêmico consiste em pesquisar uma explicação para o raciocínio contido no chamado Algoritmo de Euclides, usado para o cálculo do máximo divisor comum entre dois números. Na realidade, esse algoritmo já não é encontrado com facilidade nos livros atuais de Matemática elementar, mas a facilidade de sua aplicação é diferenciada em relação aos outros métodos de calcular o máximo divisor comum. Sua aplicação pode ser exemplificada através do seguinte exemplo: calcular o máximo divisor comum entre os números 48 e 32. Então, utilizamos uma pequena tabela para organizar os cálculos:

	1	2
48	32	16
16	0	

Esquema gráfico para aplicar o algoritmo de Euclides

Os cálculos efetuados no preenchimento dessa tabela permitem achar o número 16 como resultado, através das seguintes operações: na linha do meio foram escritos os dois números para os quais desejamos fazer o cálculo. Dividimos 48 por 32, resultando em 1 e deixando resto 16. O quociente 1 foi registrado acima do número 32, e o resto 16 foi registrado abaixo do número 48 e à frente do número 32. Repetimos o mesmo raciocínio, agora, considerando o 32 como dividendo e o 16 como divisor, achando o quociente 2 e o resto 0, porém, todas as vezes que chegar ao resto nulo, também obtemos o máximo divisor comum dos dois números iniciais.

A compreensão é prioridade em relação à memorização de regras, fórmulas ou algoritmos. A educação matemática participa do desafio de compreender a natureza das novas competências e habilidades. Essa questão leva-nos a refletir sobre as exigências do mercado de trabalho que a cada dia exige competências variadas, na direção oposta à da repetição. A adequação de estratégias escolares a esse desafio é urgente para evitar a esclerose da proposta curricular. O que poderia contribuir na elaboração de um novo saber escolar é a capacidade de trabalhar com a compreensão, que não nasce de ações baseadas somente na memória e na repetição. Muito mais do que práticas reprodutivistas, o mundo atual exige profissionais capazes de trabalhar com a criatividade entrelaçada à potencialidade dos modelos.

O uso de um algoritmo simplifica as operações, uma vez que se trata de um esquema prático, através do qual se pode chegar rapidamente ao resultado. Em termos teóricos, o algoritmo é interpretado como uma pequena máquina abstrata especializada em resolver determinados tipos de problema com base no princípio da repetição, ou seja, todas as vezes que se deseja resolver tal problema, basta repetir as operações previstas. Esta analogia entre um algoritmo e uma máquina abstrata é feita por Gilles Deleuze (1998), quando analisa a distância e a proximidade entre as diferentes maneiras de produção das filosofias, das artes e das ciências. No caso dos algoritmos, os dados fornecidos pelo usuário correspondem à matéria-prima necessária para alimentar a linha de produção e o resultado dessa produção é a solução do problema.

A vantagem do processo algorítmico é que ele pode ser repetido inúmeras vezes, pois na condição de máquina abstrata, nunca deixa de funcionar e revela, portanto, a parte essencial do próprio conceito de tecnologia. Implícito na aparente simplicidade de sua utilização, está o desafio de compreender o significado das operações envolvidas no seu funcionamento. Diante da ampliação das condições trazidas pelas tecnologias digitais, é oportuno refletir sobre a maneira de articular o uso dos algoritmos com a potencialidade contida na Matemática escolar.

Os algoritmos são idealizados como modelos perfeitos cuja concepção obedece a uma soberana lógica linear. Somente a convivência mais íntima com essas estruturas, tal como conhecem os especialistas, mostra a complexidade contida em sua gênese e evolução. Como acontece com o conceito, a criação de tal modelo somente se atualiza como resultado de uma extensa rede de conexões, envolvendo outros conhecimentos. Essas conexões são semeadas em um tempo em que não há ordem nem linearidade. Ter uma visão superficial e externa de sua perfeição funciona como obstáculo para compreender a lógica neles contida. O indesejável é querer comparar ou estabelecer um paralelismo entre o automatismo dessas estruturas com o fenômeno cognitivo.

Para compreender sua virtualidade educativa, é preciso contemplar, pelo menos, parte da diversidade contida na criação desses recursos. Trata-se de evitar um entendimento apressado da função educativa dessas criações, quando elas são usadas somente na perspectiva da repetição. A intenção de nossa proposta é realçar o risco de uma utilização ingênua dessas pequenas máquinas abstratas, tendo em vista sua especialidade na arte da repetição diante dos desafios de uma época em que se exige maior criatividade e produção qualitativa.

Regularidade na Matemática

Toda descoberta científica envolve a percepção de uma regularidade, através da qual o cientista interpreta, intui, experimenta, modeliza, conceitua e teoriza em torno de determinados problemas. Em cada ciência, o sentido da regularidade pode até variar, tal como exemplificam as diferenças entre a regularidade encontrada na Biologia ou na Matemática. Essa ideia sempre aparece na composição dos conceitos, das fórmulas e dos algoritmos. Há uma regularidade biológica, por exemplo, no conceito de flor, revelada pela presença das estruturas florais que formam a ideia: pétalas e sépalas, entre outros elementos. Na formação dos números naturais há várias regularidades matemáticas, reveladas nas famílias dos números pares, múltiplos de três, quatro e assim por diante. Os conceitos geométricos têm sua forma própria de expressar a regularidade, cujo termo aparece, inclusive, na denominação da classe dos *polígonos regulares*.

Um polígono é regular quando tem os lados iguais e seus ângulos internos também iguais. O triângulo equilátero e o quadrado exemplificam os dois primeiros polígonos regulares. Tanto a Matemática quanto as outras ciências trabalham com modelos criados para explicar problemas, simular experiências ou prever eventos e em cada uma dessas situações está implícita a noção de regularidade. Toda fórmula matemática traz implícita a regularidade de um raciocínio, ou seja, todas as vezes que certas condições forem preenchidas, é possível aplicá-la para resolver um problema. Quanto ao ensino das fórmulas, o interesse é destacar o que cada uma tem de potencialidade para resolver uma classe de problemas.

A fórmula $d(n) = n(n-3)/2$ permite calcular o número de diagonais de um polígono de n lados e sua validade fundamenta-se em uma regularidade que consiste na aplicação de um mesmo raciocínio a uma infinidade de casos particulares. Ela funciona com base no princípio da economia de raciocínio, isto é, todas as vezes que se deseja calcular o número de diagonais, repete-se o raciocínio nela contido. Assim, a vantagem é a economia de raciocínio. Entretanto, essa economia não é de graça; ela tem um preço, que é sua compreensão. Nesta fórmula, devemos perguntar: por que aparece o número 2, dividindo a expressão n(n - 3); por que motivo aparece o fator n sendo subtraído de 3? Seria possível aplicar esta fórmula para saber se existe um polígono que têm 190 diagonais?

No que se refere à economia de pensamento, lembramos o trabalho de Caraça (1984), dedicado à leitura de conceitos fundamentais da matemática. Segundo o autor, na condução do raciocínio matemático, há uma valorização de um princípio geral de economia do pensamento, o qual é conhecido também como princípio da permanência das leis formais, ou ainda como princípio de Hankel. A aplicação desse princípio, na construção do conhecimento matemático, funciona também na proposição de novas definições, as quais devem ser estabelecidas em função de uma lógica encadeada com as definições anteriormente apresentadas. O exemplo dado por Caraça para ilustrar essa condição refere-se à definição de ax0 = 0. A justificativa lógica para explicar essa definição é a intenção de conservar a lei da comutatividade, já estabelecida anteriormente na sequência lógica de construção das primeiras operações, bem como a definição de que 0 x a = 0. Portanto, o melhor caminho é, de fato, definir ax0 = 0. Esse mesmo tipo de explicação aplica-se na justificativa lógica da definição de $a^0=1$.

A regularidade está relacionada ao princípio da economia do pensamento porque torna possível o envolvimento de um grande número de situações possíveis de ser resolvidas pela aplicação do modelo. Percebe-se que o modelo envolve, potencialmente um entrelaçamento entre generalidade e particularidade. No caso da Matemática, a regularidade aparece na construção de modelos, fórmulas e algoritmos, entre outras estruturas, a partir da ideia de poder repetir um conjunto de ações. O equívoco está na confusão que se estabelece entre a virtualidade contida nessas criações e a realização de uma prática concebida na ótica da cópia e da repetição.

É possível trabalhar com a regularidade, nas séries iniciais, com um material relativamente simples de ser construído pelos próprios alunos, em cartolina ou outros materiais acessíveis, que são os ladrilhos geométricos. É possível explorar diferentes maneiras de recobrir uma superfície plana, utilizando uma ou mais figuras geométricas. Vários tipos de ladrilhos podem ser inventados pelos alunos, oferecendo uma oportunidade para articular o ensino da matemática com educação artística. A construção desses ladrilhos coloca um problema mais complexo, que envolve os ângulos internos de um polígono, que seria identificar as possibilidades de recobrir uma superfície, utilizando somente polígonos regulares. Quais são os polígonos regulares que recobrem uma superfície plana sem deixar espaço? Em diversas produções culturais é possível destacar o uso da regularidade na construção de mosaicos, revelando uma ideia de harmonia no recobrimento de calçadas, painéis ou fachadas de prédios. São criações que revelam a estética encontrada em figuras geométricas. Talvez o exemplo mais ilustrativo desses mosaicos seja o caso dos jardins de Alambra, na Espanha, onde a cultura árabe, na Idade Média, revela o domínio de conhecimentos matemáticos para criar tais mosaicos.

Configurações geométricas

> Lançar articulações entre configurações, conceitos, problemas e propriedades é uma das condições para expandir os resultados do ensino e da aprendizagem da Matemática. O desafio didático, em vista da inserção dos computadores na sala de aula, inclui a utilização de figuras dotadas de movimento.
>
> (Prospecto das Configurações)

Após destacar a importância da regularidade como uma das condições da formação de conceitos e modelos, neste capítulo, essa noção será considerada no contexto do ensino da geometria, destacando o aspecto visual de suas representações gráficas. Trata-se de considerar a função de certos desenhos que aparecem frequentemente no ensino da geometria, os quais são chamados, por Gerard Audibert (1990), de configurações geométricas. Essa expressão não traduz uma ideia matemática: trata-se de uma noção didática, cuja finalidade é caracterizar parte da tradição contida no ensino da Matemática escolar, portanto contribuir na orientação do trabalho docente. Essa caracterização evidencia uma realidade encontrada nos livros didáticos e na prática do professor. É uma ideia desenvolvida a partir da constatação de que existe uma presença diferenciada de figuras utilizadas na representação da geometria. São desenhos encontrados em livros, apostilas, anotações do professor e nos cadernos dos alunos. O interesse em estudá-la é caracterizar sua função pedagógica nas estratégias de ensino, levantando seus aspectos positivos e suas limitações. Tendo em vista essa presença marcante no ensino, as configurações geométricas são usadas como suporte de raciocínio, quer na formação de conceito, quer compreensão de teoremas, quer na resolução de problemas.

Ilustração de conceitos

Uma configuração geométrica é um desenho utilizado como recurso para ilustrar um conceito ou uma propriedade matemática importante. Possui certos elementos gráficos de equilíbrio, tais como a presença de segmentos horizontais e verticais, e trata-se de um desenho encontrado com relativa frequência nos livros didáticos e em outras publicações. É uma noção ampla que pode abranger vários conteúdos trabalhados na educação matemática. Na realidade, é possível estender tal ideia para outras disciplinas, para as quais existe um conjunto básico de representações. Além das configurações associadas aos conceitos geométricos, destacam-se aquelas utilizadas para ilustrar proposições ou teoremas. Um exemplo é uma das representações usuais do teorema de Pitágoras: um triângulo retângulo com a hipotenusa na posição horizontal e um quadrado sobre cada um dos lados.

A particularidade dessa representação funciona como suporte para contribuir na compreensão da generalidade contida no teorema. Mesmo no caso de noções fundamentais da geometria como o ponto, a reta e o plano, a maneira usual de representá-los é, quase sempre, invariável. Na maioria dos casos, a configuração do plano aparece sob a forma de um paralelogramo não retangular com seus lados maiores na posição horizontal, como se fosse a parte superior de uma caixa vista em perspectiva. Para atender nossos objetivos, o estudo das configurações será delimitado, neste trabalho, às noções da geometria euclidiana elementar, sob o pressuposto de que o conhecimento de tais figuras, por parte do professor, contribui na dinamização das estratégias de ensino. Por esse motivo, analisaremos, nos próximos parágrafos, o sentido atribuído às condições de equilíbrio e de frequência, usadas para caracterizar uma configuração geométrica.

Frequência de utilização

Um conceito geométrico pode ser representado por diferentes tipos de desenho, levando em considerando a variabilidade de sua posição, da proporção adotada entre suas medidas, do ponto de vista, entre outros elementos gráficos. As diferentes posições de um desenho destacam-se, por exemplo, em relação às referências de linhas horizontais e verticais, induzidas pelas bordas da página do desenho. Quando voltamos nossa atenção para um conceito específico, existem desenhos que aparecem com mais frequência do que outros. E essa frequência revela o interesse em conhecer suas implicações no ensino da geometria. Lembramos aqui a configuração de um retângulo quase sempre ilustrado por um desenho com as seguintes características: há um lado maior do que o outro; a lado maior encontra-se na posição horizontal, a relação entre a medida do lado menor e a do lado maior é aproximadamente de um para dois. É muito raro encontrar um retângulo representado com seus lados em posição oblíqua às bordas laterais da página do livro.

A configuração associada a um conceito geométrico pode não ser apenas uma única figura. Na maioria das vezes, é possível identificar uma variedade de figuras que, mesmo apresentando pequenas diferenças, respondem aos critérios de equilíbrio e frequência. Esse é o caso em que na representação de um retângulo aparecem alguns quadradinhos para indicar a existência de ângulos retos. São variações gráficas, utilizadas mais em função de uma tradição do que de um ensino formal. Em suma, ao trabalhar com o ensino de um conceito, devemos escolher alguns representantes dessa classe de desenhos, que tenham as propriedades de uma configuração.

Equilíbrio no desenho

O equilíbrio de uma configuração geométrica é entendido mais no sentido empírico ou visual do desenho, fazendo intervir quase sempre o uso de retas horizontais e verticais, dando a impressão de que a figura representada encontra-se em uma posição de maior estabilidade, tal como acontece com os objetos materiais do cotidiano. Assim, segundo uma visão intuitiva, uma figura geométrica estará equilibrada quando existir certo número de elementos gráficos, que contribuam na percepção de maior estabilidade, tais como a existência de eixos de simetria nas posições horizontal e vertical; a presença de ângulos retos, o destaque de alguns pontos médios, a base da figura na posição horizontal, segmentos paralelos ou perpendiculares, entre outros. Para ilustrar o equilíbrio da configuração do cilindro, constatamos, na maioria dos desenhos apresentados para ilustrá-lo, a existência de dois segmentos verticais de mesma medida e uma elipse com seus eixos perpendiculares entre si.

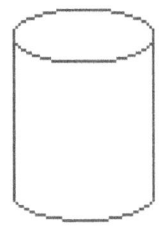

Configuração geométrica do cilindro

Esse desenho representa um cilindro apoiado sobre um de seus círculos de base, que se encontra na posição horizontal. A maioria dos objetos cilíndricos está colocada em uma posição semelhante, a qual é mais equilibrada do que apoiá-lo sobre uma das geratrizes.

No estudo das configurações, merece destaque a constatação da influência das posições horizontal e vertical, tanto em objetos do mundo físico, como nos desenhos geométricos. Esse é um dos elementos de equilíbrio mais frequentes na maioria das configurações que tivemos a oportunidade de analisar. O interesse em conhecer melhor a influência das posições horizontal e vertical aparece em pesquisas feitas por Piaget (1981), tendo como finalidade analisar a representação do espaço por crianças na faixa etária de 5 aos 8 anos. Embora não sejam conceitos geométricos, são ideias que se localizam na fronteira do saber escolar com o saber cotidiano, entre os vínculos com a realidade material e o início da formalização da geometria. Um dos resultados relatados por esse pesquisador indica a necessidade da criança de ter alguma referência horizontal ou vertical para realizar um desenho, com o qual possa estruturar seus esquemas de ação. Para confrontar com a estabilidade induzida pelo uso de folhas retangulares de papel, nas quais já se encontram referências ortogonais, foram fornecidas às crianças participantes de uma pesquisa uma folha de papel em formato circular, ou seja, alterando a estabilidade dada pelas folhas retangulares. Uma das estratégias adotadas pelas crianças, logo no início das atividades, foi traçar uma reta horizontal para iniciar seu desenho. Isso mostra a importância do equilíbrio para estabilizar seu raciocínio. Assim, como as configurações têm um estatuto diferenciado no ensino e contribuem para formação de imagens mentais, elas possibilitam um conhecimento mais operacional, seja na expansão dos conceitos, seja na resolução de problemas. O domínio de um conjunto de configurações permite uma interatividade mais operacional com as informações geométricas, de forma mais eficiente, o que resulta em melhores estratégias de resolução de problemas.

Configurações e movimento

A utilização de representações por imagens dotadas de movimento, e produzidas por programas de computador é uma estratégia inovadora e provocante no estudo das questões didáticas do ensino da geometria. Se, por um lado, a geometria euclidiana não é dotada de movimento, uma vez que seus conceitos são "estáticos", ou seja, fixados no plano ou no espaço, por outro, através do uso de softwares especializados, é possível implementar uma animação de suas representações, evidenciando certos aspectos para facilitar a aprendizagem. A rigor, a expressão *geometria dinâmica*, tal como aparece em algumas publicações recentes, traz o desafio de precisar melhor o seu significado pedagógico, pois até mesmo um simples ponto é conceitualmente associado a uma posição estática, impossível de ser deslocado com as ferramentas da geometria elementar.

Ao utilizar representações dinâmicas, que permitem deslocar livremente um ponto sobre a tela do computador, é oportuno refletir sobre a importância desses recursos para implementar a aprendizagem da geometria. Essa possibilidade abre espaço para objetos de pesquisa, voltados para uma interpretação mais científica da aprendizagem da geometria. Essa questão ilustra as relações entre a aprendizagem escolar e as novas linguagens. Conforme destaca Pierre Lévy, a ideografia dinâmica resultante do uso das tecnologias digitais envolve uma ideia audaciosa, que consiste no esforço de aproximar as interfaces da informática do sistema mental de seus usuários. Está implícita nessa ideia a concepção de que é possível aproximar-se, por meio do suporte dos programas de computador, do complexo universo das imagens mentais. Seria um recurso de linguagem cuja finalidade tenta aproximar o quanto for possível da estrutura mental do ser humano. Além de sinalizar nessa direção, o uso pedagógico das ideografias dinâmicas suscitará um novo instrumento de comunicação no contexto da aprendizagem escolar, mais próximo da forma natural de funcionamento do pensamento humano.

Essa concepção tem a inconveniência de estabelecer uma separação entre as atividades de produção e de interpretação de representações, as quais estão integradas a outros filamentos do fenômeno cognitivo. Assim, esses recursos linguísticos dotados de movimento atendem à condição da indissociabilidade entre aprendizagem e elaboração de conceitos. Um dos aspectos dessa forma de expressão é que multiplicar as possibilidades de fazer diversas articulações voltadas para a elaboração de conceitos e para a resolução de problemas. Segundo nosso entendimento, o estudo das implicações didáticas do uso de representações dotadas de movimento recoloca em pauta a discussão das fronteiras entre a linguagem e o pensamento, um tema central no estudo do fenômeno cognitivo.

Conceitos, propriedades e definições

> O ensino e a aprendizagem de definições, propriedades e conceitos matemáticos, de forma articulada, é uma estratégia didática pela qual o professor pode buscar expandir o significado da educação escolar e, assim, melhor dinamizar os vínculos entre a subjetividade e a objetividade no desenvolvimento do saber escolar.
>
> (Prospecto dos Conceitos)

O interesse em destacar as articulações entre conceitos e definições resulta da intenção de compreender o ensino e a aprendizagem de forma mais integrada, tentando ir além do nível da formalidade ou da memorização. Seguindo essa intenção, a aprendizagem de conceitos e suas conexões com as definições são aqui analisadas a partir da confluência de diferentes formas de expressão de conhecimento. Essas formas criam um espectro que varia entre a objetividade prevista para símbolos semióticos e a subjetividade das representações mentais. A projeção da multiplicidade na didática revela a vontade de expansão das referências sem a intenção de propor soluções. Uma das justificativas da escolha desse referencial deve-se à estratégia de interpretar a cognição através da multiplicidade, além de permitir uma conexão com as tecnologias, tendo em vista o movimento de inserção da informática na educação. A multiplicidade contida em um conceito refere-se aos seus casos particulares, e de forma análoga sua unidade caracteriza-se pelo que existe de comum entre os casos particulares.

Seguindo essa linha de pensamento, o conceito de quadrado caracteriza-se como unidade e como multiplicidade. É unidade porque tem uma identidade própria, que não se confunde com nenhuma outra ideia de sua família, enquanto sua multiplicidade refere-se aos quadrados particulares representados por um desenho ou por um objeto material, cuja particularidade convive com a generalidade conceitual. Diante da materialidade de cada objeto quadrado, usado eventualmente como recurso didático, está o desafio de desenvolver, no plano mental, uma abstração voltada para a construção do conceito. Nesse sentido, pretendemos tratar os conflitos do ensino e da aprendizagem, sobretudo no início da escolaridade, quando a generalidade e a abstração não têm ainda um sentido mais expressivo para a consciência do aluno.

Conceitos e definições

Há certos termos cujo sentido não deve permanecer implícito sob pena de criar uma nebulosa de confusões com consequências desastrosas, ainda mais quando queremos valorizar a dimensão científica. Entre esses termos, incluímos *conceitos* e *definições*. São noções que preenchem uma parte considerável das atividades de ensino e aprendizagem da Matemática e que geralmente não são tratadas com a devida atenção nos cursos de formação de professores. Não pretendemos nos enveredar em um círculo vicioso e tentar definir ou conceituar esses termos. Entretanto, isso não nos impede de buscar um sentido mais preciso para eles, pensando em interpretá-los e, assim, construir algumas posições, em benefício de uma prática educativa mais significativa.

Uma definição matemática é como uma expressão linguística formal, que resume por meio de palavras e expressões as características essenciais de determinado conceito. Entretanto, essas características essenciais devem expressar, de forma objetiva, a totalidade da ideia representada, e não deixar dúvidas em relação a noções correlatas. Em outros termos, o sentido de uma definição se traduz como o registro de uma ideia cujo significado encontra-se estabilizado no contexto do saber científico.

Uma definição matemática representa a dimensão burocrática mas necessária de formalização de um conceito, com a finalidade de objetivar a construção do saber. É uma tentativa de comunicar, por meio de uma expressão linguística, o registro de uma ideia objetiva. Na formalização do texto do saber, uma vez que uma ideia seja definida, torna-se necessário que essa opção seja preservada, pelo menos, no contexto considerado. Mesmo tratando-se de ideias objetivas, pode haver diferentes maneiras de definir um conceito matemático. Na realidade, são maneiras equivalentes, que não podem levar à contradições em relação às outras definições já adotadas. O quadrado é um polígono regular de quatro lados. O quadrado é um quadrilátero formado por quatro lados iguais e quatro ângulos retos. São formas diferentes de definir um mesmo conceito. Tanto uma como outra utiliza termos precedentes: enquanto a primeira lança mão do conceito de polígono regular, a segunda faz uso da precedência do quadrilátero, mostrando a existência de uma sequência lógica de definições e raciocínios precedentes.

Na sequência de construção do conhecimento, essas ideias precedentes são definidas em função de outros termos, até chegar às noções fundamentais, cuja compreensão repousa sobre a intuição. Portanto, percebe-se que uma definição em si mesma, isolada de outras ideias, não tem significado preciso, pois sempre é preciso recorrer a outros conceitos e outras definições, conhecidos no contexto da aprendizagem em questão. O importante é manter coerência no conjunto das ideias e das afirmações.

Os conceitos são ideias gerais e abstratas, associadas a certas classes de objetos, criados e transformados nos limites do território de uma área de conhecimento disciplinar. Tanto as ciências quanto a Filosofia trabalham com conceitos, com a diferença de que os filósofos são mais diretamente interessados na dimensão conceitual, enquanto os cientistas usam tais ideias para produzir modelos, funções e resolver problemas. No caso dos conceitos científicos, destaca-se a condição de sintetizar situações, classes de objetos ou problemas. A complexidade é muito mais ampla do que a de uma definição, pois conceituar não é uma ação localizada como a expressão ou um registro linguístico. Conceituar exige muito mais do que definir. Em termos de tempo, a conceitualização é muito mais demorada que a aprendizagem ou a memorização de uma definição. O domínio de um nível conceitual passa pelo domínio de sua definição, mas vai além. Trata-se de expressar um discurso objetivo em torno da ideia, relacionando-a com outros conceitos e teorias, revelando nuanças que a definição é incapaz de expressar.

A dificuldade em trabalhar com a formação de conceitos reside porque eles são ideias, isto é, coisas não pertencentes ao mundo material. Entretanto, a compreensão da generalidade e da abstração torna-se menos complexa, quando são analisadas no quadro de uma disciplina. Os conceitos matemáticos têm algo em comum com os conceitos biológicos, mas a natureza da abstração matemática tem uma origem diferenciada em relação à abstração dos conceitos biológicos. A percepção desse nível de abrangência, procurando compreender as diferenças conceituais entre as áreas científicas é uma questão posterior. Portanto, mesmo no quadro da educação escolar, o ensino de conceitos envolve o desafio de procurar sempre a expansão da generalidade e da abstração, as quais, por sua vez, se contrapõem às ideias particulares e materiais. Mesmo considerando os desafios didáticos do ensino da linguagem matemática e de suas conexões com o pensamento do educando, a complexidade conceitual não se reduz à expressão linguística. A institucionalização do saber exige a aprendizagem dos aspectos formais, tais como as definições, as propriedades e os teoremas.

A definição de polígono envolve elementos precedentes, tais como linhas poligonais, segmentos de reta, vértices, ângulos, entre outros, mas a definição não tem o poder de traduzir, pela singularidade de uma única frase, a multiplicidade contida em seus componentes precedentes. Não há nesta observação nenhuma desvalorização das atividades cujo objetivo é trabalhar com as definições matemáticas, pelo contrário, à medida que são destacadas suas funções cognitivas, ampliam as condições de elaboração do conceito, expressando uma direção para orientar as atividades de ensino. Em suma, para tratar da aprendizagem, é preciso diferenciar dois níveis entrelaçados de conhecimento: trabalhar com a elaboração de conceitos e com os seus registros textuais através de definições, propriedades e teoremas.

Para compreender o significado de uma definição e, consequentemente, expandir o domínio cognitivo sobre o conceito, é preciso estar atento às propriedades da noção considerada. As propriedades são condições necessárias para atender às exigências de uma definição. Porém, o enunciado de uma propriedade nem sempre é suficiente para caracterizar a totalidade do conceito, revelando apenas parte de seus invariantes. Está correto afirmar que o quadrado é um polígono, mas além de ser um polígono, o quadrado tem várias outras propriedades: é também um quadrilátero porque é formado por quatro lados; é um polígono regular porque todos os lados e ângulos são iguais; é um retângulo porque é formado por quatro ângulos retos; é ainda um paralelogramo porque seus lados são paralelos dois a dois; é um losango porque tem quatro lados iguais; é uma figura geométrica plana por tem apenas duas dimensões. Portanto, enumerar propriedades do quadrado nem sempre é suficiente para defini-lo. Por outro lado, a definição traz condições suficientes para caracterizar o conceito. *Retângulo com quatro lados iguais* é uma definição de quadrado, pois as duas condições *ser retângulo* e *ter quatro lados iguais* implicam as demais propriedades do conceito. Para expandir o entendimento dessas afirmações, envolvendo as condições necessárias e suficientes do conceito, é conveniente pensar também em termos de *inclusão de classes*. Existe uma grande classe de figuras planas, que são *os polígonos*. Quadrados, triângulos, pentágonos são polígonos. Para ser um polígono. A classe maior dos polígonos contém subclasses: quadriláteros, pentágonos, hexágonos e assim por diante. Dentro de cada uma dessas subclasses ainda existem outras subclasses.

Vínculos subjetivos da objetividade

> Para expandir o significado da educação matemática é preciso prever permanentes articulações entre: generalidade, particularidade, objetividade, subjetividade, materialidade, abstração, linguagens e conceitos. Da mesma forma como se valoriza a objetividade, devemos estar atentos aos vínculos subjetivos das concepções dos alunos.
>
> (Prospecto da Objetividade)

Conceitos, propriedades e definições são aspectos objetivos do saber matemático, mas a subjetividade constitui a via inicial de elaboração do conhecimento. Como a objetividade não nasce pronta, a aprendizagem dos conceitos requer um fluxo constante de retificações produzidas na dimensão subjetiva. A construção da objetividade passa pelas experiências subjetivas assim como toda afirmação individual deve ser submetida ao parâmetro da estabilidade de uma área científica. Não há como isolar esses dois aspectos; por isso, não há nenhuma simplicidade na condução do processo integrado entre ensino e aprendizagem. A expansão da objetividade e da generalidade, sem perder de vista seus vínculos com a particularidade, requer um movimento de aproximações constantes e sucessivas, para que os conceitos estejam sempre em estado de vir, ou seja, para que haja disponibilidade do sujeito cognitivo para fazer expandir suas concepções.

Desafios da elaboração do conceito

A elaboração conceitual exige um permanente embate, tal como pensava Heráclito, para explicar a convivência entre multiplicidade e unidade, uma vez que esta não tem um único nível de apresentação. É razoável admitir que o caminho para a objetividade é pela via da subjetividade, individual e coletiva, porque é uma linha de referência efetivamente vivenciada pelo sujeito. Em outros termos, o processo cognitivo parte das limitações subjetivas e particulares e requer uma permanente disponibilidade de espírito para a elaboração da objetividade e da generalidade. Por esse motivo, em vista da pertinência ao plano das ideias, os conceitos não são identificáveis aos objetos materiais. A aprendizagem torna-se possível em termos do uso das diferentes formas de representação, tal como os desenhos ou os objetos utilizados na representação dos conceitos geométricos.

Outro desafio de trabalhar com a elaboração de conceitos é a necessidade de considerar a dimensão da generalidade, sem a qual todo esforço permanece circunscrito ao cotidiano. Os casos particulares servem apenas como exemplos e não expressam a totalidade de casos previstos na generalidade do conceito. Assim como foi observado anteriormente, no caso das considerações feitas sobre as articulações entre a abstração e a materialidade, a dialética entre particularidade e generalidade constitui outra dimensão a ser tratada no trabalho do professor de Matemática. A dificuldade de trabalhar com a elaboração de conceitos nasce do fato de não existir conceito simples. Qualquer conceito é complexo porque sintetiza uma dualidade entre a generalidade resumida por uma definição e a multiplicidade de seus casos particulares.

O conceito apresenta-se para a consciência cognitiva sempre como um fragmento, tendo em vista seu estado de devir. No plano cognitivo ele nunca está plenamente acabado, totalmente aprendido por transitar entre os polos da atualidade e da virtualidade. Ferdinand Gonseth (1934) constata a existência de um permanente estado de inacabamento dos conceitos geométricos. Essa característica é de interesse didático, pois destaca uma maneira de entender o desenvolvimento das concepções pessoais rumo à formação de conceitos. Nesse sentido, o entendimento de um conceito é fragmentado porque as limitações não cessam de querer aprimorá-lo, no plano do pensamento humano. Percebe-se a existência da interatividade entre o pensamento e o conceito, estabelecendo um sucessivo movimento de elaboração do significado, fazendo com que, nessa interpretação, o sujeito esteja em permanente estado de aprendizagem. Acreditamos que o termo *aprendência*, adotado por Assmann (1998), traduz muito bem o sentido que acabamos de comentar para o permanente fluxo existente na aprendizagem, permitindo ainda contemplar o componente do movimento e do tempo na experiência cognitiva.

A formação de conceitos na evolução de um campo científico constitui o objeto do estudo da epistemologia, a qual fornece uma linha de articulação para estudar a aprendizagem. A epistemologia procura compreender a gênese e os desafios enfrentados na produção do saber, sem necessariamente se prender às condicionantes individuais da cognição. Entretanto, mesmo que as analogias feitas entre o plano individual e social do conhecimento ofereçam limites de validade, esse tipo de conhecimento fornece pontos relevantes na orientação do ensino. Estudar a formação de conceitos não é tarefa exclusiva da Filosofia, porque existem muitas informações de interesse direto para ampliação da prática educativa, sobretudo quando se trata de considerá-la mais em função do tempo do que do local onde aconteceu a produção do saber. Assim sendo, estudar a elaboração de conceitos, do ponto de vista pedagógico e epistemológico, contribui para ampliar as condições de entendimento do ensino e da aprendizagem. Assim, na análise didática, a formação de conceitos pode ser analisada como uma fonte de informações destinadas a contribuir na condução da prática pedagógica. Quando se coloca essa prioridade, a formação de conceitos passa a ser entendida como uma questão de interesse comum a várias disciplinas. Por esse motivo, ela não se reduz ao aspecto filosófico e transcende pelas áreas disciplinares.

Dificuldades dos primeiros passos

Toda aprendizagem tem sua complexidade, e o docente vive o desafio de acompanhar a elaboração do conhecimento, entre as condicionantes particulares da singularidade local e as referências intencionadas pela área científica. O trabalho do professor das séries iniciais envolve um desafio ainda maior, porque trata da gênese do conhecimento escolar, articulando informações do cotidiano com as primeiras situações de formalização. Por mais elementares que sejam os conteúdos, já existe uma formalização mínima que o diferencia das referências do mundo não escolar. Os primeiros símbolos aritméticos, os números, as novas palavras, os símbolos e os algoritmos estão presentes na Matemática das séries iniciais. É uma fase especial, na qual o aluno é levado a vivenciar o início ao processo de generalização, abstração e formalização do saber escolar, o que praticamente não é considerado no saber do cotidiano. E, como na Matemática existem diversas formas de representação, essa aprendizagem inicial passa ainda pela habilidade de compreensão e de articulação dos primeiros símbolos da Matemática.

No início da aprendizagem da contagem, quando o aluno ainda não conhece os símbolos numéricos, ele pode lançar mão de traços espontâneos que servem de mediação no processo de aquisição das representações usuais, vivenciando em paralelo a aprendizagem das palavras associadas aos respectivos símbolos. Na continuidade dessa aprendizagem, com a expansão da habilidade de fazer articulações ocorre o movimento de formação do conceito. Talvez seja difícil fixar um momento exato para iniciar a formalização, pois a multiplicidade contida na cognição não permite definir uma prioridade absoluta ou uma ordem entre as diferentes formas de representação. O rizoma da aprendizagem não tem começo nem fim; ele vive sempre em estado de conexões diagonais.

A partir da formalização das primeiras definições e representações, os conceitos começam a ser associados uns aos outros. Na geometria, até mesmo um dos primeiros conceitos que é de *segmento de reta* é formulado a partir de noções precedentes, tais como ponto e reta, além de recorrer à ideia intuitiva de *estar entre*, cuja validade é aceita com base na evidência. O enfoque considerado nesse aspecto não está direcionado somente para a questão da lógica da construção formal da geometria, mas também para a dimensão pedagógica. Assim, destacando as dificuldades da fase inicial da formalização do saber, fica mais evidente que o trabalho didático não seja reduzido a uma apresentação linear de conteúdos. Essa ordem caracteriza a fase final da apresentação do saber, portanto, não pertence aos momentos iniciais da aprendizagem.

Pensar que a clareza de uma apresentação textual significa fornecer o caminho ideal para a aprendizagem é uma ilusão, e certamente o desafio didático do ensino da Matemática ultrapassa, e muito, esse nível de formalidade. Não se trata de reduzir a importância da formalização do saber, a questão pedagógica indica a existência de muitas questões anteriores a essa sistematização. Sem pretender indicar soluções, uma das estratégias de ensino para tratar dessa dificuldade consiste em intensificar as articulações entre as dimensões teórica, intuitiva e experimental, enquanto o aluno passa a interagir com as várias formas de expressão do conhecimento.

Formalidade e aprendizagem

A formalidade e a linearidade de apresentação do texto escolar, tal como aparecem nos livros didáticos e em outras fontes de informação, não traduzem a complexidade contida na elaboração do conhecimento. Os conflitos da gênese do saber ficam camuflados na boa ordem de uma sequência oficial de ensino, avalizada pela sucessão enumerada das linhas e páginas. A formalização do conhecimento caracteriza as disciplinas escolares, e seria difícil não admitir a forte presença desse componente pedagógico mas devemos estar atentos às informações que se perdem no labirinto da elaboração do saber e não estão contidas no registro textual. A definição de uma sequência de definições, teoremas e exercícios serve como um polimento do texto escolar. É uma formalização que abranda a sinuosidade da elaboração do conhecimento, mas não deve ser imposta como um parâmetro para conduzir o início da aprendizagem. Isso não significa desprezar a sistematização do saber; pelo contrário, nossa atenção volta-se para o trabalho precedente a essa redação, quando ainda não é o momento de formalizar ou institucionalizar, precocemente, o saber escolar.

A elaboração do saber passa por labirintos mais complexos do que uma linha estendida entre sujeito e objeto. Essa maneira de entender a aprendizagem tem influenciado a formalização precoce e a ordem de apresentação dos conteúdos. É uma concepção conduzida pelo pensamento linear, e voltada mais para o espetáculo da comunicação do saber do que para os desafios da aprendizagem. Usar essa forma de redação para conduzir a prática educativa é confundir a elaboração do conhecimento com a redação científica, o que sinaliza para mais um tipo de obstáculo proveniente dos saberes acadêmicos. Para superar esse equívoco desastroso para educação escolar, é preciso mergulhar na compreensão da cognição e visar uma ampliação das ações educativas da matemática, no estreito limiar da valorização das estruturas e dos modelos, mas sem acreditar na possibilidade de priorizar tais abstrações nos momentos iniciais do ensino. O estaque da linearidade remete-nos a outro aspecto semelhante, que é a necessidade de compreender a função dos problemas no ensino-aprendizagem da Matemática.

Resolução de problemas

> A resolução de problemas é uma das estratégias mais específicas da educação matemática, cuja presença estende-se por todos os níveis de ensino e serve de interface com outras disciplinas. Como no plano histórico, os conceitos e as teorias estão quase sempre associados à solução de um problema, esta articulação sinaliza para o professor um pressuposto a ser cultivado na prática educativa da Matemática.
>
> (Prospecto dos Problemas)

Os vínculos entre subjetividade e objetividade servem de conexão para tratar da resolução de problemas, que é uma das especificidades educativas das ciências e da Matemática. Os cientistas estão sempre envolvidos com a resolução de algum problema. Em particular, sua adoção como estratégia de ensino constitui uma verdadeira tradição da educação escolar, a tal ponto de ser possível identificar, em certos períodos, o predomínio de problemas típicos na caracterização da disciplina de Matemática. Para explorar os aspectos pedagógicos dos problemas, na direção sinalizada pelas ciências, é preciso lançar mão de conceitos, modelos, definições, algoritmos e teoremas. Quanto mais qualitativas forem as articulações entre esses componentes, maiores serão as chances de obter soluções criativas e, consequentemente, expandir o significado do saber.

Um dos objetivos de trabalhar com a resolução de problemas é, de maneira geral, contribuir no desenvolvimento intelectual do aluno, no que diz respeito aos aspectos específicos do saber matemático. Além do mais, através dessa estratégia é possível interligar a Matemática com outras disciplinas ou com situações do mundo vivenciado pelo aluno. Nem sempre o interesse principal é o domínio de um conteúdo em si mesmo; a própria interpretação objetiva do enunciado revela uma dimensão educativa importante, pois sem ela fica inviável obter a solução esperada. A experiência mostra-nos que o problema didático do uso de problemas como estratégia metodológica começa com a leitura do seu enunciado, ou seja, com a dificuldade que o aluno pode ter de interpretar o sentido intencionado na redação. Essa é uma questão pedagógica composta por vários aspectos. Se, por um lado, existem enunciados redigidos de maneira dúbia, por outro, a falta de hábito de leitura, por parte dos alunos, aumenta as dificuldades. Levando em consideração que desenvolver a leitura e a escrita é compromisso de todas as disciplinas, no caso da Matemática, compete ao professor trabalhar com a interpretação dos enunciados, levando o aluno a expor seu entendimento. É preciso ainda confrontar o entendimento de um aluno com a leitura feita por seus colegas e coordenar o processo de devolução de questões, visando a elaboração de uma interpretação objetiva.

Os problemas e a formação de conceitos

O significado dos conceitos e dos teoremas é ampliado no contexto da disciplina escolar, quando eles são aplicáveis à resolução de certo número de problemas. Daí a importância didática para o ensino da Matemática de valorizar essa conexão entre a formação de conceitos, o desenvolvimento dos aspectos teóricos e a resolução de problemas. A convergência desses três aspectos revela maior sentido e significado do conhecimento. De um lado, o sentido emergente da subjetividade do aluno do outro, o significado mais estável visado pela objetividade, sem pretender separações absolutas entre os dois polos. Por esse motivo, a resolução de um problema pode ampliar a compreensão que o aluno tem de um conceito. De forma análoga, no contexto mais amplo de uma ciência, os conceitos têm o significado expandido em relação aos problemas para os quais foram criados na gênese do saber científico. Seguindo esse entendimento, é possível imaginar a existência de uma rede de conhecimentos, conectando problemas, conceitos, teorias e os métodos usuais de elaboração do conhecimento. Tanto na elaboração dos saberes científicos quanto na prática educativa, os conceitos são criados, transformados e recortados em função da resolução de problemas. Ao trabalhar dessa maneira, o professor de matemática minimiza o risco da perda de sentido dos conteúdos, pois quando isso acontece é um sinal de alerta não somente para ele mas também para todos os agentes da educação escolar. O vínculo a ser construído pelo trabalho docente visa costurar o plano subjetivo das concepções à estabilidade objetiva dos conceitos, e essa costura se faz através da resolução de problemas, bem como das demais estratégias. Este é um dos caminhos de acesso ao saber escolar, pelo menos quando se pretende contemplar a diversidade inerente ao fenômeno da aprendizagem e suas implicações na prática pedagógica.

Problemas na história da Matemática

A história da Matemática pode ser estudada de várias maneiras: focalizando a produção das grandes civilizações, separando capítulos dedicados aos grandes temas, tais como geometria, álgebra, números e medidas ou, ainda, determinando períodos associados a um momento da história da cultura geral. Entretanto, talvez uma das mais interessantes, do ponto de vista didático, é tratar do desenvolvimento de grandes problemas: contagem, criação dos números, quadratura do círculo, duplicação do cubo, trisseção do ângulo, resolução da equação cúbica. A vantagem de tratar da história da Matemática desta última maneira é o fato de os problemas trazerem, de forma implícita, a evolução dos próprios conceitos. Ao estudar a evolução da Matemática, percebemos que a criação de um conceito está geralmente associada à solução de um problema importante, enraizado em certo contexto científico e cultural.

Depois da resolução desses problemas históricos, inicia-se o movimento de sua transposição didática, revelando os caminhos e as várias influências recebidas até ser transformados em proposta de ensino no contexto escolar. Por esse motivo, no quadro da educação escolar, os conceitos não devem ser concebidos como entidades isoladas, desvinculadas da possibilidade de aplicação ou de contextualização. Daí a importância de estarmos atentos à criação de conceitos e de suas conexões com os problemas. Quando essa gênese é analisada com intenção pedagógica, percebemos a ligação que os conteúdos têm com a potencialidade educativa prevista ou as inversões ocorridas no transcorrer da formulação histórica da disciplina escolar.

Assim como ocorre com a conexão entre problemas, conceitos e teoremas, um conceito, em si mesmo, sempre está associado à criação de outros conceitos. Não há como falar em conceitos puros ou totalmente isolados. Até mesmo as noções fundamentais estão associadas a ideias anteriores, recorrendo ao apoio da intuição, tal como exemplifica o caso dos axiomas da Matemática, cuja validade repousa nesse tipo de conhecimento. Como estão associados a outras ideias, os conceitos formam uma rede não ordenada, onde é praticamente impossível estabelecer uma sequência absoluta na sua evolução histórica. Por isso, na singularidade de um único conceito aparecem conexões com vários outros. Quando o conceito geométrico de *cubo* aparece como objeto aplicável à resolução de um problema, é bom lembrar que junto com esta ideia vêm os conceitos de quadrado, diedro, triedro, paralelismo, segmento de reta, vértice, ponto, aresta, face, volume, área, diagonal, eixo de rotação e outros. Por outro lado, cada um desses conceitos, em sua própria identidade, responde a outros problemas.

Especificidade da educação matemática

A valorização da resolução de problemas é uma estratégia de ensino através da qual é possível explorar a potencialidade da Matemática no que diz respeito aos valores formativos. Por esse motivo, deve ter atenção diferenciada, quer seja por parte do professor e dos autores de livros didáticos. Como a aprendizagem da resolução de problemas é uma atividade quase sempre presente nas propostas de ensino da Matemática, compete ao professor compreender as razões dessa valorização. Caso contrário, não haveria como sustentar sua manutenção no currículo, uma vez que eles podem vir a ser, até mesmo, um tormento para muitos alunos, quando são utilizados simplesmente como instrumento de hierarquização intelectual entre os alunos. Esse destaque torna-se necessário porque a disciplina de matemática é, por vezes, indevidamente utilizada como instrumento de classificação dos alunos.

Tal situação nos leva a não perder de vista os valores potenciais da resolução de problemas no contexto escolar. Nossa intenção é defender o pressuposto de que a resolução de problemas é uma estratégia para trabalhar com os valores educativos da Matemática, e não estimular competições pela via do conhecimento. No contexto escolar, compete-nos refletir sobre a importância de o aluno envolver-se com o desafio intrínseco ao conhecimento matemático. A partir desse pressuposto, acreditamos que a aprendizagem da Matemática se torna mais significativa, pois o aluno experimenta a sensação de descoberta do novo, por seus próprios méritos, mesmo prevendo a interatividade contida no trabalho em equipe. Essa sensação de descoberta é de suma importância para o desenvolvimento intelectual do aluno. E um dos recursos mais adequados para operacionalizar esse objetivo é o trabalho com os problemas.

Por mais simples que possa parecer, a descoberta de uma solução, desde que ela seja produzida pelo aluno, representa a origem de motivação para novas aprendizagens. A novidade implícita na descoberta de uma resposta refere-se às informações anteriores dominadas pelo aluno e representam uma expansão efetiva do conhecimento. Nesse sentido, a Matemática é uma das disciplinas mais desafiantes porque permite o contato com situações em que se pode cultivar o exercício da descoberta. Entretanto, traçar uma analogia entre a descoberta do saber científico e a aprendizagem escolar é algo que deve ser feito com muito cuidado. Se esses dois níveis envolvem a criatividade, o contrato didático não tem a mesma natureza dos paradigmas de uma ciência.

Generalidade, abstração e esclerose

> É preciso exercer uma constante vigilância didática contra o hábito de iniciar o ensino da Matemática a partir de afirmações genéricas e abstratas. As estratégias mais adequadas consistem em valorizar permanentes articulações entre aspectos gerais, particulares, abstratos e concretos. Estas são condições para a formação de conceitos e para o desenvolvimento do raciocínio característico de matemática.
>
> (Prospecto da Generalidade)

Após abordar a importância da resolução de problemas como estratégia de ensino da Matemática, dedicamos este capítulo à análise de características pertinentes ao próprio saber matemático, tais como a generalidade e a abstração, contrapondo com os limites impostos pelo plano material e particular. Esses aspectos sinalizam pontos consideráveis de conflito da aprendizagem escolar, porque os alunos estão vivenciando a expansão de sua maturidade cognitiva. De um lado, o pensamento matemático tem a tendência de buscar a validade de suas proposições no seu mais alto grau de generalidade e de abstração; do outro, está o aluno tentando compreender as primeiras afirmações particulares e materiais. Entre esses dois polos, como podemos buscar o equilíbrio pretendido para a prática de ensino?

Por onde começar

Uma das estratégias usuais da tendência tradicional do ensino da Matemática consiste em iniciar a aula com uma afirmação genérica para em seguida tratar de casos particulares. Entendemos que essa seja uma estratégia existente, porque até mesmo livros didáticos de Matemática publicados no transcorrer da última década adotam essa forma de apresentar o conteúdo. Nesse caso, dizemos que está sendo adotada uma estratégia lógico-dedutiva, pois a partir de enunciados genéricos, inicia-se a dedução de casos particulares. Entretanto, essa maneira de ensinar matemática já é criticada desde a década de 1930, conforme descreve o professor Euclides Roxo (1937), quando coordenou a reforma pedagógica no Colégio Pedro II, em 1929. A orientação pedagógica fornecida por esse educador era de que o ensino de Matemática deveria começar de casos particulares e, pouco a pouco, ir buscando patamares mais amplos de generalidade. Essa estratégia é denominada por alguns autores de *método indutivo*, conforme Toranzos (1963). Assim, ao destacar o tema da generalidade, neste capítulo, temos a intenção de levantar a importância estar sempre atento à dimensão metodológica do ensino da Matemática.

Para analisar tais aspectos, partimos do pressuposto de que toda afirmação genérica deve ser articulada a uma verificação particular, assim como a validade de um enunciado particular deve ser confrontada com patamares mais gerais de validade. Esse duplo compromisso, generalizar e particularizar, revela uma parte considerável da tarefa do professor, além de conciliar esses dois aspectos com a validade das proposições. Como todos os conceitos se caracterizam pelos aspectos da generalidade e da abstração, o tratamento didático dessas categorias é uma das condições para expandir o trabalho docente. Trata-se de especificar a generalidade de uma afirmação, compreendendo os limites de sua validade.

Conforme observa Caraça (1984), o ser humano tem uma tendência a sempre generalizar afirmações para estender as aquisições já incorporadas ao seu conhecimento, dando-lhe a impressão de que quanto mais genérico for um pensamento, maior será sua potencialidade. É uma tentativa de procurar maior rendimento do raciocínio. Esse pensamento é chamado de *princípio de extensão*, e pode ser identificado, juntamente com os princípios da economia e da compatibilidade, na história das ciências, de uma maneira geral. Aplicando esses princípios ao saber matemático, percebemos que seus enunciados são construídos de forma mais genérica possível, utilizando o menor número possível de conceitos anteriores e não podem contradizer as afirmações anteriores. Ao estudar as articulações possíveis entre o conhecimento do cotidiano e o saber escolar, a aplicação do princípio da extensão revela obstáculos didáticos consideráveis. Em outras palavras, se no discurso popular as afirmações são feitas espontaneamente, sem a necessidade de aplicar uma coerência lógica, no caso da Matemática isso ocorre segundo um modo diferenciado, com o qual o aluno não está ainda habituado.

Afirmações genéricas e particulares

Dizer que o número dez é divisível por cinco é uma afirmação particular e correta, pois envolve um único caso, ou seja, a afirmação refere-se somente ao número dez. Por outro lado, ao afirmar que dez é divisível por quatro, estamos também diante de uma afirmação particular, porém falsa. Dessa maneira, percebe-se que tanto a generalidade quanto a particularidade são condições associadas à questão da validade e da argumentação do saber. Saber verificar a validade de uma afirmação é uma condição para expandir a aprendizagem. No entanto, há na educação matemática uma intenção que consiste em sempre procurar expandir o ensino através de afirmações genéricas, cuja validade seja extensível a uma classe mais ampla de elementos. Isso acontece, por exemplo, com o enunciado: todo número natural terminado em zero é divisível por cinco, e a validade abrange uma classe de infinitos números. O ensino da Matemática envolve essa articulação: (a) partir de afirmações genéricas e verificar sua validade particular; (b) partir de constatações particulares para verificar as possibilidades de generalização. E acreditamos que não deve haver a priorização de uma única forma de tratar esse componente do saber matemático. Particularizar uma afirmação, tendo em vista sua validade genérica, é talvez uma atividade menos complexa do que estudar a validade de uma generalização, entrando em cena dois tipos de raciocínio que são o indutivo e o dedutivo.

Destacamos o caso da expressão $p(n) = n^2 + n + 41$, que resulta em número primo quando substituímos o valor de n pelos primeiros números naturais. Entretanto, esse exemplo mostra o risco de fazer afirmações apressadas: mesmo que uma afirmação tenha sido verificada para um grande número de casos particulares, isso não é suficiente para fazer uma afirmação generalizada. No caso desse exemplo, constata-se que quando n for igual a 41, o número $p(41) = 41 \times 43$ que não é mais um número primo, uma vez que é divisível por 41 e por 43. Quando se faz afirmações genéricas, sem a comprovação metodológica específica do saber matemático, a afirmação decorrente pode ser falsa e constituir-se em obstáculo para a formação dos conceitos.

Generalidade como obstáculo

Uma leitura de Bachelard (1986) leva-nos a perceber o quanto é importante estarmos atentos à condição da generalidade, pois pode se transformar em um obstáculo à construção do conhecimento. Se, por um lado, a ciência valoriza enunciados genéricos, por outro, há o risco desse esse tipo de afirmação deixar de ser científica, quando ela acontece sem o controle do método adotado no contexto da disciplina. A questão inicial deste estudo indica a importância de compreender o significado epistemológico da generalidade, procurando esclarecer o sentido em que um conhecimento pode vir a ser um obstáculo à construção da objetividade prevista pelas ciências. Pensamos que essa questão é de interesse para a educação matemática, porque sempre são ensinados enunciados genéricos. Então, é natural indagar: como pode a generalidade ser um obstáculo à formação das ideias científicas? A generalidade prevista na Matemática não pode ser confundida com o sentido que o termo assume em outras ciências ou na linguagem cotidiana. Na linguagem do cotidiano é comum ouvir afirmações "genéricas", sem considerar a existência de uma ou de outra exceção. No caso da Matemática, não se trata dessa pseudogeneralidade, pois uma única exceção inviabiliza a validade da afirmação.

Esse tema é de interesse para a didática das ciências, pois o sentido que o aluno atribui ao termo *geral*, sobretudo no início da escolaridade, recebe ainda fortes influências do senso comum. Bachelard pesquisou, no contexto da história das ciências, afirmações nas quais uma suposta generalidade funcionou como obstáculo para a obtenção de novas descobertas. Um obstáculo epistemológico é um tipo de conhecimento consolidado no plano da consciência coletiva, que impede a evolução para a produção de novos conhecimentos. Isto foi chamado pelo filósofo de falsa doutrina da generalidade, afirmando que nada teria prejudicado tanto o progresso científico quanto esta questão, observando, inclusive que muitos pensadores importantes "de Aristóteles a Bacon" teriam incorrido nessas afirmações apressadas. A falsa doutrina do geral refere-se a uma tendência, induzida pelo senso comum, de extrapolar os limites de validade de uma teoria. Essa referência nos serve de motivação para pesquisar a existência de uma possível analogia dessa noção na passagem do conhecimento popular para o saber escolar.

O desafio pedagógico reside na articulação entre a linguagem do senso comum e aquela que pertence ao território de uma disciplina escolar. É preciso destacar uma diferença entre o caso da Matemática e de outras ciências em que a abordagem experimental assume um papel mais específico, e o princípio do raciocínio indutivo pode assumir, até mesmo, uma função metodológica. Porém, na Matemática a lógica indutiva, no sentido acima descrito, não é uma estratégia legítima porque a verificação de casos particulares, por maior que seja, não permite fazer afirmações genéricas. No caso da produção do conhecimento matemático, tais verificações podem, no máximo, resultar no enunciado de uma conjectura; resta ainda o desafio de encontrar uma demonstração ou uma refutação. Uma conjectura é uma afirmação cuja validade ainda não foi demonstrada, ou seja, poderá ser válida ou falsa. No contexto histórico da Matemática, existe uma famosa conjectura que consiste em dizer que todo número par pode ser escrito como soma de dois números primos (8 = 3 + 5, 20 = 3 + 17, 48 = 31 + 17....) A verificação de casos particulares, por maior que seja a quantidade dos números testados, não é suficiente para comprovar sua validade. Por outro lado, seria suficiente exibir um único caso para o qual a conjectura não seja válida para que ela seja refutada de forma definitiva.

Esclerose conceitual

Quando se acredita na superioridade absoluta das ciências, em relação aos demais tipos de conhecimento, de fato, não há muito espaço para falar em envelhecimento de ideias, métodos e conteúdos. Uma esclerose conceitual e pedagógica é o resultado de um falso espírito científico, de generalizações apressadas ou de uma aplicação inadequada da lógica indutiva. Quando se registra a ocorrência desse envelhecimento, é sinal de que prevaleceram generalizações erradas em detrimento do espírito científico, deslocação de métodos, tanto na prática de ensino quanto no próprio território da academia. É apenas uma pálida intenção de aproximar das ciências, cujo sentido se perdeu no curso de seu desenvolvimento. Um exemplo desse envelhecimento no campo das ciências é apresentado por Bachelard e refere-se à noção de coagulação, no final do século XVII. A história da academia de ciências de Paris registra os trabalhos da época, em que se mostra a busca de um estado geral da coagulação. Tudo em nome da generalidade mais ampla. Os cientistas da época tentavam generalizar, a todo custo, esse conceito e, como resultado, cometem inúmeros equívocos, os quais, analisados hoje, chegam a ser afirmações próximas do humor. A academia francesa queria considerar todos os tipos de coagulação para só então esclarecer a ideia através da comparação dos casos particulares. Dessa maneira, havia, ate mesmo, uma exigência institucional da busca de generalidade. Para isso eram desenvolvidos estudos de coagulação do leite, do sangue, do fel, da gordura e de outras substâncias líquidas encontradas não só do organismo animal mas também nos vegetais.

O exagero era tão grande que os cientistas da época chegaram a associar a solidificação dos metais fundidos, até que finalmente o extremo da tentativa de generalização chegou a defender a existência da coagulação da água para explicar o fenômeno físico do congelamento. Assim, o conceito de congelamento passaria a ser um caso particular do conceito de coagulação. Esse é um exemplo de conceito esclerosado, para não falar dos métodos associados. É importante lembrar que tais interpretações eram plenamente avalizadas pelos representantes da ciência da época, ou seja, na linguagem moderna, estavam em sintonia com os paradigmas do seu tempo. De forma geral, essas experiências vagas, sem consistência lógica, é uma característica do senso comum.

Em vista dos nossos interesses, indagamos até que ponto a esclerose conceitual, no sentido acima, aparece também nas práticas pedagógicas do ensino da Matemática. A identificação da metodologia de ensino com a própria metodologia de validação do conhecimento matemático seria um exemplo de esclerose conceitual? Os livros de história da Matemática não mostram os obstáculos da evolução dessa ciência. O próprio Bachelard chama atenção quanto à necessidade de proceder a uma análise da formação do espírito matemático. Entretanto, compete-nos lembrar que a regularidade da história da Matemática refere-se exclusivamente ao processo de sua formalização, pois os desafios e os labirintos de sua criação geralmente não aparecem no seu registro histórico. Isso acontece porque, para ser apresentado à comunidade científica, o texto matemático passa por um sofisticado processo de aprimoramento de redação, em que se eliminam os aspectos considerados secundários, suprimem-se passagens, e não se revela a parte mais complexa da produção do saber. Assim, para falar de obstáculos epistemológicos, no sentido de Bachelard, na formação dos conceitos matemáticos, é preciso distinguir o processo de descoberta original das ideias com a sua apresentação formal. Tendo em vista nossa intenção delimitada à educação básica é mais propício delimitar a ideia de obstáculo ao contexto escolar, sobretudo no que diz respeito à passagem do saber do cotidiano para os saberes escolares, acrescida das condições específicas do aluno que inicia esse nível de escolaridade.

Demonstrações matemáticas

No transcorrer da história da Matemática, foram criados os procedimentos de validação dos seus enunciados, chamados de demonstração. Demonstrar um teorema é estabelecer uma sequência de raciocínios lógicos, em que cada afirmação fundamenta-se em conclusões anteriores, resultando na comprovação de sua validade. De maneira geral, o ensino das demonstrações matemáticas não pertence ao nível introdutório do ensino fundamental. Por outro lado, a partir da sétima ou oitava série, acredita-se ser possível desenvolver algumas atividades voltadas para esse aspecto. Uma das dificuldades de ensinar essa lógica demonstrativa, no ensino fundamental decorre da necessidade de fazer abstrações a partir de outras abstrações. Trata-se de um tipo de raciocínio de ampla aplicabilidade não somente na Matemática, mas também na elaboração de todo saber científico; por esse motivo, não deve ser desconsiderado na educação escolar, mesmo que o trato pedagógico de tais atividades ofereça dificuldades a ser superadas.

No trabalho pedagógico não é conveniente confundir a metodologia inerente ao saber científico daquela destinada ao ensino de uma disciplina escolar. Para tratar das dualidades contidas no saber matemático, nossa orientação visa valorizar constantes articulações entre essa dupla via: generalizar e particularizar, procurando afirmações compatíveis com o nível intelectual dos alunos considerados. Em outros termos, a formação de conceitos resulta de permanentes articulações entre a generalidade, a particularidade, a abstração e a materialidade. A defesa de um tratamento articulado entre as ações de generalizar e particularizar acontece uma das condições para a formação de conceitos, modelos e teorias, cuja aprendizagem pode contribuir na formação intelectual do aluno, contribuindo para um raciocínio mais apurado, abrindo espaço para aplicações em diversas áreas de conhecimento.

Desde a aprendizagem da aritmética surgem situações em que é possível explorar o princípio da generalidade e a verificação da validade das afirmações. Na afirmação de um resultado com certa generalidade o aluno deve ser levado a comparar e sintetizar resultados apreendidos anteriormente, para concluir um novo conhecimento. Essa é uma habilidade formada por um processo evolutivo e torna-se possível através da construção de articulações entre aspectos particulares e gerais. A aprendizagem da abstração e da generalização não se inicia por uma abordagem abstrata e geral. Para a construção dessas noções é fundamental o uso de recursos materiais e particulares, cuja manipulação contribui na formação desses aspectos. O uso dos materiais didáticos é uma estratégia importante porque contribui na construção da abstração e da generalização. O risco de sua utilização intempestiva é recair na realização de atividades em que predomine somente uma visão empírica, em detrimento dos aspectos conceituais.

A aprendizagem da Matemática pressupõe sucessivas aproximações entre as concepções do aluno e os diferentes níveis de objetividade conceitual. Nesse sentido, os conceitos são ideias em permanente estado de devir: estão sempre em processo de acabamento. O sujeito cognitivo deve se engajar sempre procurando retificar uma compreensão anterior para atualizar uma nova visão, e este processo nunca tem um ponto final. Esse é o ponto em que se faz o embate entre subjetividade e objetividade. Quanto mais intensas forem as aproximações, maior será também a compreensão do saber. E essa compreensão depende da variabilidade dos momentos didáticos vivenciados pelo aluno. Assim sendo, compete ao professor diversificar as atividades. Visto que um momento pedagógico resulta da convergência de vários elementos, o tratamento dessa variabilidade situa-se na essência do trabalho do professor. Não se trata de reproduzir o quadro em que o saber científico foi estabelecido tampouco de encenar uma redução do trabalho do matemático.

Materialidade e abstração

A superação das dificuldades do ensino da Matemática requer, além dos desafios de generalizar e particularizar, a construção de permanentes articulações entre as dimensões da materialidade e da abstração. Os alunos da educação fundamental, sobretudo os que estão nas séries iniciais, não têm ainda condições de fazer uma utilização formal da abstração, entretanto, não podemos esquecer da fertilidade da imaginação infantil, o que revela uma das janelas para o desenvolvimento da abstração. Assim, não é nada conveniente pensar em termos de predomínio dos aspectos material ou abstrato, nesse momento inicial da educação. Insistimos na ideia de sempre procurar fazer articulações desses dois aspectos, bem como nas demais dicotomias tratadas neste livro. Além da influência de várias outras dualidades do conhecimento, esta tem uma força mais acentuada na aprendizagem da Matemática, tendo em vista o predomínio da própria dimensão física do corpo. A princípio, é natural querer ver para crer, mas, tendo em vista a racionalidade, pouco a pouco não é mais preciso sentir para construir conhecimentos.

Quando se recebe uma informação através dos órgãos sensitivos, tais como a visualização da forma geométrica, trata-se de algo diferente porém não isolado dos conceitos. Se uma situação material caracteriza-se pela sua particularidade, a abstração conceitual destaca-se mais pela sua dimensão genérica. Esse é o ponto onde se entrelaçam vários aspectos. As articulações possíveis entre esses polos condicionam o fenômeno cognitivo e sinalizam para as estratégicas de ensino. Por isso, ensino e aprendizagem são atos entrelaçados de um único fenômeno. O erro seria acreditar na precedência de um desses polos em detrimento dos outros. Nesse sentido, o trabalho docente consiste em diversificar os aspectos dos conteúdos estudados, envolvendo relações entre o mundo dos conceitos e a realidade do mundo imediato. Gonseth (1934) e Bkouche (1988) abordam essa questão, enfocando as relações entre os conceitos geométricos e seus vínculos com a realidade. São interpretações que contribuem na compreensão da especificidade da Matemática. Segundo nosso entendimento, tais relações estão associadas à essência das questões educacionais, pois em todos os momentos existem conceitos sendo trabalhados, de uma forma ou de outra; para isso, devemos lançar mão do suporte dos recursos didáticos para articular os processos integrados de generalização e abstração.

A realização dessas competências se faz na contribuição que a disciplina proporciona à formação do aluno. Diante das competências exigidas pela sociedade digital, a abstração assume uma importância ainda mais destacada, tendo em vista um predomínio cada vez mais intenso de uma cultura visual e sensitiva, ou seja, condicionada pelo aspecto material. Imagens, sons, cores e movimento são recursos de comunicação ampliados pelo suporte da tecnologia, mas isso não dispensa a compreensão de conceitos e modelos, pois, até mesmo, na criação dos programas de computador estão presentes os conceitos e os algoritmos. Tendo em vista os desafios das articulações que acabamos de comentar, torna-se necessário ampliar as concepções pedagógicas do ensino da Matemática, sobretudo no que diz respeito à precedência dos modelos, em detrimento da sinuosidade característica do fenômeno cognitivo. É preciso trabalhar entre as dimensões abstrata e concreta, não descuidando das demais dualidades. Daí a importância de utilizar diversos recursos didáticos, envolvendo a criação de conexões. Através dessas estratégias é possível ampliar a eficiência da didática da Matemática?

Referências

ALLIEZ, E. *Deleuze Filosofia virtual.* Rio de Janeiro: Editora 34, 1996.

ASSMANN, H. *Reencantar a educação rumo à sociedade aprendente.* Petrópolis: Vozes, 1998.

ASTOLFI, J. P.; DEVELAY, M. *A didática das ciências.* Campinas: Papirus, 1990.

AUDIBERT, G., *Démarches de penser et concepts utilisés par les élèves de l'enseignement seondaire en géometrie.* Tese. Univ. Montpellier. França, 1982.

BACHELARD, G. *A formação do espírito científico.* São Paulo: Contraponto, 1996.

BACHELARD, G. *Racionalismo aplicado.* Rio de Janeiro: Zahar, 1977.

BALACHEFF, N. *Une étude des processus de preuve en mathématique chez des élèves de collège.* Tese, Universidade J. Fourier, Grenoble, 1988.

BALDY, R.; DUVAL, J. Lecture, écriture et comparaisons de volumes in PC. *Bulletin de Psychologie,* n. 386, pp 617-624, Paris, 1987.

BARUK, S., *L'âge du Capitaine De l'erreur em mathematiques.* Du Seuil, Paris, 1990.

BECKER, F. *A Epistemologia do Professor.* Petrópolis: Vozes, 1997.

BKOUCHE, R. *Axiomatique, formalisme et théorie. Boletim Inter-IREM n. 23.* Lille: IREM, 1983.

BKOUCHE, R. *De la démonstration.* Inter-IREM de geometria de Mèze Montpellier: IREM, 1989.

BONAFE, F. *Quelques hypothèses sur l'enseignement de la géométrie de l'espace à partir de la représentation en perspective cavalière.* Revista da APMEP n. 3, Paris: APMEP, 1988.

BOYER, C. *História da Matemática.* São Paulo: Edgard Blucher, 1974.

BROUSSEAU, G. *Fondements et Méthodes de la Didactique des Mathématiques. In Didactique des Mathématiques,* Brun J. (Org.), Delachaux, Lausanne-Paris, 1996.

BROUSSEAU, G. *Le contrat didactique: le milieu*. RDM, v. 9.3, pp 309-336, Paris, 1988.

BROUSSEUAU, G. *Théorie des situations didactiques*. Paris: La Pensée Sauvage, 1998.

BRUN, J. et all. *Didactique des mathématiques*. Paris: Delachaux, 1996.

CARAÇA, B. *Conceitos fundamentais da matemática*. Lisboa: Sá da Costa, 1984.

CHEVALLARD, Y. *La transposition didactique*. Paris: La Pensée Sauvage, 1991.

CONNE, F. *Savoir et connaisance dans la perspective de la transposition didactique*, In: *Didactique des Mathematiques*. Brun, J. Paris: Delachaux,1996.

DAVIS, P.; HERSH, R. *A experiência matemática*. Rio de Janeiro: Francisco Alves, 1985.

DELEUZE, G.; GUATTARI, F. *Mil Platôs*. Rio de Janeiro: Editora 34, 1996.

DELEUZE, G.; GUATTARI, F. *O que é a Filosofia?* Rio de Janeiro: Editora 34, 1997.

DELEUZE, G. Atual e Virtual. In: *Deleuze e a filosofia virtual*. ALLIEZ, E. Rio de Janeiro: Editora 34, 1996.7

DENIS, M. *Image et Cognition*. Paris: PUF,1989.

EHRLICH, S. *Sémantique et Mathématique*. Paris: Editora Nathan, 1990.

FILLOUX, J. *Du contrat pédagogique*. Paris: L'Harmattan, 1996.

FREITAS, J. *Situações didáticas*. In: *Educação matemática uma Introdução*, MACHADO, S. (Org.). São Paulo: Editora da PUC-SP, 1999.

GONSETH, F. *La Géométrie et le problème de l'espace*. Neuchatel: Griffon, 1945.

GONSETH, F. *Les Mathématiques et la Réalité*. Paris: Albert Branchard, 1974.

JAPIASSU, H. *Interdisciplinaridade e patologia dn saber*. Rio de Janeiro: Imago, 1976.

JAPIASSU, H. *Introdução ao pensamento epistemológico*. Rio de Janeiro: Francisco Alves, 1992.

JOHSUA, S. *Introduction à la didactique des sciences et des mathématiques*. Paris: PUF, 1993.

KHUN, T. *A estrutura das revoluções científicas*. São Paulo: Perspectiva, 1975.

KLINE, M. *O fracasso da matemática moderna*. São Paulo: Ibrasa, 1978.

LAKATOS, I. *A lógica do descobrimento matemático*. Rio de Janeiro: Zahar, 1978.

LÉVY, P. *A ideografia dinâmica*. São Paulo: Loyola, 1998.

LÉVY, P. *As Tecnologias da inteligência*. São Paulo: Editora 34, 1993.

LÉVY, P. *O que é o virtual?* São Paulo: Editora 34, 1998.

MATURAMA, H; VARELA F. *A árvore do conhecimento*. Campinas: Psy, 1995.

MUNIZ, C. *Educação e linguagem matemática I*. In: *Eixo integrador: realidade brasileira*. Brasilia: UNB, 2002, p. 20-169.

MUNIZ, C. *Teoria das situações didáticas*. In: *Programa Gestar*. Pub. Fundescola, MEC. Brasília, 2003.

PAIS, L. *Intuição, experiência e teoria geométrica*. Zetetiké n. 6. Campinas: Unicamp, 1996.

PAIS, L. *Didática da Matemática: uma análise da influência francesa*. Belo Horizonte: Autêntica, 2001.

PAIS, L. *Educação escolar e as tecnologias da informática*. Belo Horizonte: Autêntica, 2002.

PARRA, C.; ZAIZ, I. (org.) *Didática da matemática*. Porto Alegre: Artes Médicas, 1996.

PASTOR, J.; ADAM, P. *Metodologia de la Mat. Elemental*. Buenos Aires: Americano, 1948.

PETERS, M. *Pós-estruturalismo e filosofia da diferença*. Belo Horizonte: Autêntica, 2000.

POLYA, G. *A arte de resolver problemas*. Rio de Janeiro: Interciências, 1982.

POPPER, K. *A lógica da pesquisa científica*. São Paulo: Cultrix, 1974.

ROBERT, A.; *Problèmes méthodologiques en didactique des mathématiques*. In *Recherche in Didactique des Mathématiques*. Vol. 12/1 pp 35-58. Paris: RDM, 1992.

ROXO, E. *A matemática educação secundária*. São Paulo: Cia Editora Nacional, 1937.

SAKATE, M. *Concepções de professores sobre possibilidades didáticas no ensino da geometria decorrentes do uso da informática*. Dissertação de Mestrado. Campo Grande: UFMS, 2003.

SANTOS, A. *Recursos didáticos e representações da geometria espacial em nível das séries iniciais do ensino fundamental*. Dissertação de Mestrado. Campo Grande: UFMS, 2003.

SCHUBRING, F. *Sobre o Conceito de Obstáculo Epistemológico*. I SIPEM. Serra Negra: SBEM, 2000.

TORANZOS, I. *Enseñanza de la Matemática*. Buenos Aires: Kapelusz, 1963.

VERGNAUD, G. *La théorie des champs conceptuels*. In In Didactique des Mathématiques, Brun J. (Org.). Paris: Delachaux, 1996.

ZAIZ, I. *Análise de situações didáticas em geometria para alunos entre 4 e 7 anos*. In *Construtivismo Pós-Piagetiano*. Grossi, E. (Org.) Petrópolis: Vozes, 1993.

Este livro foi composto com tipografia Casablanca e impresso
em papel Off Set 75 g/m² na Gráfica Paulinelli.